U0077549

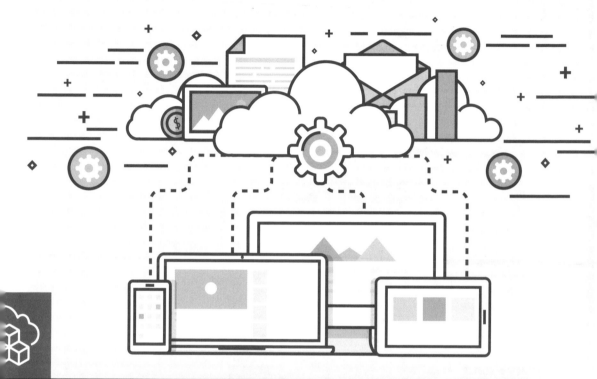

AWS CDK 完全學習手冊

打造雲端基礎架構程式碼 IaC

2020 iT邦幫忙 鐵人賽 冠軍 iThome

第一本從無到有教你撰寫 AWS CDK 的中文書籍！
為不會寫的你獻上超豐富 Sample Code，照抄也能成為 AWS CDK 達人！

- 新手快速入門 AWS CDK Sample 與 AWS CDK 指令詳解，迅速掌握 AWS CDK 編寫技巧
- 使用 AWS S3 搭配 AWS API Gateway 部署完整 Serverless 網頁應用程式，一次搞定前後端伺服器 So Easy
- 解析 DevOps 團隊必學的雲端架構，學習使用 IaC 建構 AWS EC2、AWS ECS 與 AWS EKS

 本書提供線上範例檔

林侃賦（Clarence）—— 著

作　　　者：林侃賦 (Clarence)
責任編輯：林楷倫

董 事 長：陳來勝
總 編 輯：陳錦輝

出　　　版：博碩文化股份有限公司
地　　　址：221 新北市汐止區新台五路一段 112 號 10 樓 A 棟
　　　　　　電話 (02) 2696-2869　傳真 (02) 2696-2867

郵撥帳號：17484299　戶名：博碩文化股份有限公司
博碩網站：http://www.drmaster.com.tw
讀者服務信箱：dr26962869@gmail.com
訂購服務專線：(02) 2696-2869 分機 238、519
（週一至週五 09:30 ～ 12:00；13:30 ～ 17:00）

版　　　次：2021 年 11 月初版一刷

建議零售價：新台幣 600 元
I S B N：978-986-434-920-3（平裝）
律師顧問：鳴權法律事務所 陳曉鳴 律師

本書如有破損或裝訂錯誤，請寄回本公司更換

國家圖書館出版品預行編目資料

AWS CDK完全學習手冊：打造雲端基礎架構程式碼
IaC / 林侃賦著. -- 初版. -- 新北市：博碩文化股份有限
公司, 2021.11
　　　面；　　公分 -- (iT 邦幫忙鐵人賽系列書)

ISBN 978-986-434-920-3(平裝)

1.雲端運算

312.136　　　　　　　　　　　　　　　110017202

Printed in Taiwan

歡迎團體訂購，另有優惠，請洽服務專線
博 碩 粉 絲 團　(02) 2696-2869 分機 238、519

初次認識 Clarence 是在 2020 年 10 月的時候，很意外地看到鐵人 30 天的活動當中，有一位非常熱血的年輕人每天不間斷地在研究 AWS CDK，並且用中文分享整個過程，這讓我非常震驚。在 2020 年，中文的 AWS CDK 相關介紹內容甚至影片是非常稀少的，很多人不知其門而入，而鐵人 30 天的這個 CDK 主題，自然吸引了我的注意，並且也在台灣的 CDK Telegram 社群裡面產生了相當多的討論與互動。

在連續 30 天的分享當中，我看到一個 from Zero to Hero 的過程，有別於閱讀 AWS 官方文件學習，透過 Clarence 這一篇一篇的筆記，彷彿更能有系統地追隨他的腳步更有系統地學會 CDK，這在整個亞洲，以至於歐美，都是非常少見的題材。

2020 年 11 月，終於跟 Clarence 一起拍攝了一次直播（EP41 - 鐵人 30 天修煉之路[1]），那時 Clarence 才剛完成第 30 天的內容，彷彿一件長久以來一直想做的事情終於完成，我們在對談當中回顧當時想做這件事情的動機，以及暢談 CDK 為什麼如此令人著迷，很開心當時我們一起用影片紀錄了一些珍貴的想法，後來得知 Clarence 獲得這一屆鐵人 30 天 DevOps 組冠軍，特別覺得與有榮焉，也為他感到高興。

AWS CDK 是一個非常年輕的項目，是 AWS 在 2019 年 7 月才宣布正式 GA 的 OSS Project，在過去兩年以來經歷了非常多版本的迭代，也誕生了 CDK 家族的其他項目，包括 CDK for Kubernetes(cdk8s)[2]，CDK for Terraform(cdktf)[3]，甚至 Projen[4] 等。我們看到整個 cloud 的生態越來越複雜，開發者或架構師從過去需要手動去創建

1   https://youtu.be/7N2Kwg_4VmE

2   https://cdk8s.io

3   https://learn.hashicorp.com/tutorials/terraform/cdktf

4   https://github.com/projen/projen

各種雲端資源，配置所有細節，到使用 shell script 去處理，再到使用 declarative 模板，最後進化到 CDK 這樣的抽象封裝、意圖導向的 imperative 寫法，這讓我們看到從過去基礎建設即代碼 (Infrastructure as Code) 的概念，如今被提升成架構即代碼 (Architecture as Code) 的新思維，對 Cloud 用戶來說，不需要關注 infra 細節，而只需要透過 CDK 抽象描繪意圖，甚至進一步封裝、延伸或繼承我們封裝好的抽象物件，複雜的 Cloud 就會變成非常簡單好維護也好理解，這是我們看到 CDK 帶來整個雲端產業的革命性變化，也是這兩年 CDK 瞬間成為 AWS 最受歡迎的 OSS 項目之一的主要原因。

很開心 Clarence 的新書終於付梓出版，這將會是華人社群裡面最珍貴的 CDK 參考書之一，我們期待越來越多人可以透過這本書一窺 CDK 的奧妙，並且跟著 Clarence 一起學習，讓再複雜的 Cloud 也都可以在自己的 IDE 開發環境裡面自由定義與掌握，並且透過這樣的技術帶給團隊更大的商業價值。

Pahud Hsieh / Pahud Dev Youtube 頻道主
Twitter：https://twitter.com/pahudnet
YouTube：https://www.youtube.com/PahudDev

Pahud

2019 年甫剛正式釋出（general availability）的 AWS CDK（AWS Cloud Development Kit），2020 年 Clarence 就非常熱情且勇敢地，以連續三十天鐵人賽挑戰這個每天都在飛速進步的雲端瑞士刀，並且榮獲「第 12 屆 iT 邦幫忙鐵人賽」DevOps 主題－－冠軍，如此可見 AWS CDK 這把雲端瑞士刀在 DevOps 領域所受到的重視，佐以 Clarence 精心的內容規劃、非常白話易懂的編排撰寫，深得讀者與評審們的青睞，實至名歸。

> 為了讓大家體驗 Clarence 白話易懂的編排撰寫風格，這篇推薦序將特別以沒那麼白話搭配沒那麼易懂的風格來撰寫，相信這樣可以讓各位同時感受到 Clarence 與推薦序的兩種用心（大誤 XDD

自從 2006 年 AWS 發布 Amazon S3（簡單生活節 ?! 喔不，是簡單雲端儲存）和 Amazon EC2（簡單運算 ?! 喔不，是彈性雲端運算（嗯嗯所以彈性但不簡單 ?!））以來，時至今日（2021）AWS 已經陸續發布超過 200 個產品與服務[1]。以往在大型組織或特定產業才能接觸到的複雜技術架構，也陸續經由經驗的累積、社群的分享，逐步地將這些複雜的技術架構與昂貴的網通設備，拆解成各種雲服務，這些分散式系統的知識、大型系統維運的建構經驗也紛紛往各行各業、甚至中小企業、新創團隊擴散。中小型團隊成員要處理如此龐大的訊息量，加上拆解多元、每年會自己長出來的各種雲服務，以致約莫 2014 年時，開始了 DevOps 這個結合開發（Development）和營運（Operation）的文化與運動。

整個 DevOps 的討論中，「溝通」是大家經常談論到的一項重要環節，溝通的內容多半牽涉到「流程」、「架構」或稱「軟體」，而溝通目的是期望能使建構、測試、發布產品的過程能夠既有效率、又很可靠，這當中會隨著組織與社群的發展與經驗累積，最後藉由各種各樣的自動化工具來輔助 DevOps 達成這樣的目的與期望。

1　https://aws.amazon.com/what-is-aws/

若我們先將文化這個比較廣泛的層面放旁邊，來看動手實作持續整合、持續交付的過程中，穿插出現軟體交付的四大支柱[2]：產出物（Artifacts）、設定（Configurations）、環境（Environments）、管線（Pipelines），這四者之間若能透過合適的作業流程與工具的輔助，使之能相互整合，那將會是相當美妙的一趟旅程。

本書的主角 - AWS CDK - 就是串起這趟美妙旅程的靈魂工具。

想當年（2008）剛接觸 AWS 的時候，跟大家初接觸開始學習 AWS 的時候相似，先從 AWS 管理主控台（Management Console）開始摸索，搭配官方文件一頁一頁閱讀、一步一步操作（曾與一群朋友自組讀書會時，EC2 使用手冊才七百多頁，現在已經增長兩倍有餘來到了一千六百頁），一來視覺化的介面有助於剛開始學習雲端架構的我們能夠加速理解，眼睛看到一個一個拆解、定義乾淨的服務與元件，透過滑鼠與鍵盤的敲擊而逐一建立起來；二來省卻了較為複雜繁瑣的指令列工具（AWS CLI）權限設定。

這在學習期間中，沒什麼大問題。但到了真槍實彈（真金白銀）要部署各種開發環境、測試環境、量產環境提供給同事、廠商、客戶時，我們常聽到，有一就有二、有二就有三，正所謂接二連三，連三拉三，喂，扯遠了回來。當我們面對需要重複部署多個環境，且每個環境中的特定環境參數會因環境不同而不同（例如機器大小不同、部署的地理位置不同），若使用 AWS 管理主控台來進行如此接二連三的部署，先是「可靠度」讓人存疑，接著是「可維護度 / 效率」也是備受挑戰，似乎如此「純手工打造」較難達成剛才聊到的「既有效率、又很可靠」如此目的性。

AWS CDK 問世之前，若要將「純手工打造 雲基礎設施」自動化，常見的兩個途徑是透過 AWS CloudFormation 這個服務、或是更深層地自己組合 AWS API/CLI 指令成為腳本（script）。這當中遭遇幾項困難，其一 AWS 各項服務都有著豐富且彈

2　https://rickhw.github.io/2019/04/04/DevOps/Four-Pillars-of-Software-Delivery/

性的屬性供我們自由設定，需藉由詳讀文件、實測或討論來決定該選擇何種設定值比較適合這次的軟體部署場景；其二 不直覺、不易閱讀，AWS CloudFormation 搭配的是適合電腦解析（但不那麼適合人腦解析）的 YAML 或 JSON 語法來做描述，告訴 AWS 我們想要打造的雲基礎設施長什麼樣子；其三 測試、檢驗不易。

這對於開發出身的同事來說，打造雲基礎設施的門檻變得相當高。
而對於營運出身的同事來說，維護雲基礎設施的不直覺也易失誤。

這時候 AWS CDK 出來解救大家了，AWS CDK 讓大家使用自己常用的程式語言（TypeScript, JavaScript, Python, Java, C#, Go）來打造（而不只是描述）自己的雲基礎設施。對應方才的三「其」，其一 該讀的文件還是要讀，但是可以透過整合編輯器（e.g. Visual Studio Code）的套件，直覺瀏覽這個雲服務或元件有哪些參數、哪些選項可供設定、有哪些方法可以做動作，與平常撰寫物件程式相仿；其二 直覺、想紀錄想法就加註解、想使用外部環境變數或引入設定值都很有彈性；其三 可供測試，而且使用大家自己熟悉常用的程式語言來撰寫測試。

> 雖說「解救大家」，但是 AWS CloudFormation 的各種限制條件，仍是存在基於其上的 AWS CDK，例如不支援部分細節參數、往年 AWS 新服務發布 GA 上線時還未支援 AWS CloudFormation，但已經陸續看到 AWS CDK 的力量正在使得各種改變陸續發生，例如可預期接下來 AWS 新服務發布 GA 時很有可能同時公告支援 API、管理主控台、CLI、以及 AWS CloudFormation，意味著新服務發布時，我們就可以拿 AWS CDK 開始動手把玩，並透過整合編輯器（e.g. Visual Studio Code）的套件，快速瀏覽新服務有哪些參數可供設定，這代表著更有效率的學習與上手過程。

這對於開發出身的同事來說，打造雲基礎設施的門檻變得相當低。而對於營運出身的同事來說，維護雲基礎設施可上測試可防可控。

同時 AWS CDK 也帶來了更多彈性與想像空間，例如 AWS CDK 帶來了 constructs 概念，可以將 constructs 想像成積木，這個積木有各種顏色的最小單元（一塊積木），也有由前人先組合好的範例積木組（現成模組稍加組合一下就可以拿來玩），或是由前人組合好的超完整實例積木組（馬上可以拿來玩的超級懶人包）。

參加 CDK 社群活動時也聽到前端開發者分享説他們超愛 AWS CDK，極低門檻即可上手，將自己的前端作品部署到 AWS 環境中進行測試，加速整個產品開發過程，也提升工作效率，最後完成一定進度後，還可以與後端團隊或基礎設施團隊分享 CDK 程式碼，加速經驗分享。

> 在 *AWS CDK* 的世界，所有東西都是 *Construct*。類似 *Flutter* 的世界，所有東西都是 *Widget*。

Clarence 在本書中由簡入深、逐一搭配一個個的場景案例，且細心繪製情境架構圖、配合著場景案例整理範例程式碼，帶大家一步一步上手 AWS CDK。不論您是 AWS 新手或是老手，都能享受這本書從 CDK 簡介、第一個 CDK 範例程式、進而一個個挑戰使用 CDK 實作 Serverless、靜態網站、可自動擴展的伺服器叢集、然後往容器服務（Amazon ECS, Amazon EKS）前進，最後加碼教你如何打造自己的積木火力展示館，喔我是説，CDK Construct Library，配合團隊或組織的技術管理架構，除了有效地重複使用已驗證過的經驗與知識，並且可與其他部門、其他公司、甚至以開放 CDK 原始碼的形式與全世界分享你創造的大大小小各種積木（Constructs）。

推薦新手朋友們，可以先閱讀本書第 1,2 章，並馬上開電腦動手玩看看（可搭配參考附錄設定開發環境），接著第 3,4,5 章時間夠的話就逐一實作、累積手感，或挑選自己有興趣的主題閱讀，第 6,7 章可選擇自己或團隊所使用的容器環境來做閱讀，然後將自己手邊的專案嘗試以 AWS CDK app 的方式實作看看，這個階段可能會遇到一些卡關，可以回頭看看書中提到的範例複習，或是到 CDK 社群 Telegram 頻道[3] 發問、或找人討論。稍微上手後，回頭檢視第 8,9 章，創造自己的 CDK constructs 增進效率。

3　https://t.me/AWSCDK

若您已是 AWS 豐富經驗老手，已對各種常見 AWS 產品及其元件不陌生，可以像我收到這本書一樣，花個一、兩個小時快速翻閱第 1~7 章，結合您自身的知識與經驗，取其 CDK, IaC 之精要，然後動手將手邊的 AWS CloudFormation 改寫看看，相信立刻會感受到 AWS CDK 所帶來的美妙，而與我們一起踏上這趟 CDK 之旅。接著動手玩玩第 8,9 章，將自己累積的知識與經驗，整理成 CDK construct，發布到 Construct Hub[4]，讓全世界的社群都感受到台灣社群滿滿的技術能量。

也歡迎各位 AWS 同好們、愛好者們，加入 AWS User Group Taiwan 社團[5]，在社團中歡迎分享踩坑經驗、發問、討論，社團也會定期不定期舉辦 AWS 相關主題討論與聚會，歡迎大家一起交流、一起學習、一起成長。

這篇特別以沒那麼白話搭配沒那麼易懂風格撰寫的推薦序，若能讓你感受到 Clarence 的白話易懂而順利學習 CDK 的話，也可以考慮順手多帶一本給你身邊同事、朋友，將這中文世界第一本 CDK & 鐵人賽 DevOps 主題冠軍好書推薦給更多人，讓我們一起實現「既有效率、又很可靠」（握拳。

Ernest Chiang

AWS Community Hero

Director of Product & Technology Integration, PAFERS Tech

派仕科技 產品與技術整合總監

Twitter @dwchiang

推薦序
三

使用雲端久了你會發現，常常需要建立類似的資源，又或者因為時間久了忘記當初資源的設定值是什麼導致創建資源失敗，你可能會說那我用 CloudFormation 來管理我的資源就好啦，讓我們來實現 IaC 吧！可是 CloudFormation 用 YAML 來定義資源固然好，可是一但資源變多，管理起來是不是變的更麻煩？！所以 AWS 在 2019 年推出了開源專案 AWS CDK ，透過 Code 來定義你的 infrastructure 來實現真的 IaC，透過此書你可以輕鬆的踏入 AWS CDK 的世界，裡面有許多的範例可以涵蓋你日常的實用情境，讓你除了學 AWS CDK 之外還可以學 AWS 架構，體驗到 AWS CDK 的強大之處，為你增加硬技能。

Neil Kuan

AWS Community Builder
Cloud Engineer, Cathay FHC established Digital, Data & Technology (DDT)
Twitter @neil_kuan

首先非常感謝我的家人、朋友以及看過我文章給我建議的朋友，最重要要感謝的還是手上拿著這本書的你。這本書裡充滿著我的心血以及專業知識，目前市面上並沒有任何一本中文書籍在介紹 AWS CDK，而我相信 AWS CDK 是未來使用 AWS 雲端必備的技能，所以我希望把我個人學習 AWS CDK 的經驗用書本的方式記錄下來，讓讀者在學習 AWS CDK 的過程中可以少走一點冤望路。其實説真的我一直都覺得學習開發最困難的地方是在初學的部分，如果一開始可以有一個人或是一本書讓新手在學習的過程中可以循序漸進的學習，減少在新手村跌跌撞撞的過程，就可以讓學習更有效率，所以希望本書可以幫到想要學習 AWS CDK 的你。

閱讀方法

在書中有非常多的範例，也有簡單的 AWS 介紹你可以依造自己的需求來閱讀這本書。閱讀本書的讀者你可以先想想你是要循序漸進學習的讀者或是把它當工具書的讀者：

■ 循序漸進學習的讀者
   我建議你從第一章開始閱讀起，以 AWS CDK 的開發來説它其實是一個一個的積木，你可以跟著我的腳步把一個一個積木的使用方法學習起來，等到積滿所有的積木你就可以自己使用積木把它搭建成一座城堡了。

■ 把它當工具書的讀者
   我建議你可以直接翻到目錄找找目前需要的功能，把對應的範例直接實作出來，等理解再修改成自己或是工作上需求的樣子。

前言

本書分成三個部分：

第一部分：

第一到第二章會帶你從 AWS CDK 的起源開始認識 AWS CDK，從安裝到 AWS CDK 指令教你如何使用它，然後會使用 CDK Sample 從最簡單的範例教你學習與使用 AWS CDK，到這邊其實對於 AWS CDK 已經有概略的認識了，我們就可以進入第二部分了。

第二部分：

第三章會從現在大家常常討論的 Serverless 開發帶你認識無伺服器計算架構，如果你只是需要簡單的 API 開發就看這章就好，它可以幫你完成大部分的事情。

第四章推薦給目前的需求是架設一個前端網站的讀者，如果你需要使用 AWS 託管一個靜態網站，相信這章就可以解決你目前的需求。

第五章推薦給目前在 AWS 上面只有使用 EC2 並且把它當成虛擬機使用的讀者，本章會帶你使用 AWS CDK 建立虛擬機，教你使用腳本快速建立主機並且部署一個 LAMP 服務。

第六章開始會帶你進入容器化服務的世界，虛擬機的使用沒辦法滿足你目前的需求，相信容器化服務就是你的好朋友。如果你是目前正在使用 AWS ECS 的讀者，有了這章的介紹就可以使用 AWS CDK 完成自動 Build Docker Image 並且自動部署服務到 AWS ECS。

第七章推薦給目前正在使用 AWS EKS 的讀者，有了 AWS CDK 可以讓部署 AWS EKS 更容易，它可以幫助你把原本要寫的 YAML 檔直接寫到 AWS CDK 的程式裡面讓整個部署更乾淨。

第三部分：

第八到第九章相信前面幾個章節學完後應該會有一個疑問，這麼多好用的 Library 那我想要自己設計 Library 可以嗎？本書會用最簡單的方法一步一步教你，如何擁有自己的 Construct Library 並且發布到 GitHub 上面。

目錄

01 AWS Cloud Development Kit（AWS CDK）

1.1 AWS Cloud Development Kit（AWS CDK）基礎介紹 1-2
1.2 安裝 AWS CDK Toolkit（cdk command）............................ 1-6
1.3 設定 AWS CLI 1-18
1.4 你的第一個 AWS CDK 專案 1-20
1.5 CDK 指令介紹 1-23
1.6 參考資源 1-33

02 CDK Sample 學習之路

2.1 如何開始 AWS CDK 的學習 2-2
2.2 執行 AWS CDK sample-app 2-12
2.3 簡易修改 AWS CDK sample-app 2-21
2.4 移除整個 sample-app 2-25
2.5 本章小結 2-27

03 使用 AWS CDK 部署 Serverless 應用程式

3.1 Serverless 介紹 3-2
3.2 使用 AWS CDK 建立 API Service 3-3
3.3 使用 AWS CDK 建立 API Service 支援自訂網域 3-14
3.4 本章小結 3-24

04 使用 AWS CDK 部署靜態網站

4.1 靜態網頁與動態網頁的區分 4-2
4.2 使用 AWS CDK 建立靜態網頁服務 4-2

4.3 使用 AWS CDK 建立靜態網頁服務並設定 CloudFront 與
自訂網域 4-8

4.4 本章小結 4-14

05 使用 AWS CDK 部署可自動擴展的 LAMP 伺服器叢集

5.1 Amazon EC2 執行個體 5-2

5.2 Amazon VPC 5-2

5.3 AWS CDK 部署 Amazon EC2 5-13

5.4 使用 AWS CDK 架設 LAMP 5-23

5.5 部署含有負載平衡的 LAMP 伺服器 5-35

5.6 部署可自動擴展的 LAMP 伺服器 5-44

5.7 本章小結 5-54

06 使用 AWS CDK 部署可自動擴展的 Amazon Elastic Container Service（Amazon ECS）叢集

6.1 Amazon Elastic Container Service（Amazon ECS）...................6-2

6.2 使用 ECS 部署 Web Service 6-2

6.3 使用 ECS 部署多 Port 服務 6-46

6.4 使用 ECS 部署 Web Service 與整合 RDS 資料庫 6-56

6.5 本章小結 6-67

07 使用 AWS CDK 部署 Amazon Elastic Kubernetes Service（Amazon EKS）

7.1 Amazon Elastic Kubernetes Service（Amazon EKS）...............7-2

7.2 本章小結 7-48

08 AWS CDK 使用 Construct Library

8.1 使用 projen 讓 AWS CDK 更簡單更好處理............................8-2

8.2 本章小節 8-10

09 製作 CDK Construct Library

9.1 第一個 CDK Construct Library 範例.......................................9-2

9.2 本章小結 9-44

A 附錄

A.1 安裝 Visual Studio Code 並安裝 AWS Toolkit A-2

A.2 安裝 TypeScript 套件使用 npm 或 Yarn A-6

A.3 安裝 AWS Session Manager A-8

A.4 Kubernetes Tools 安裝 A-10

A.5 CDK 錯誤處理 A-11

A.6 CDK 開發小撇步..A-12

01
Chapter

AWS Cloud Development Kit （ AWS CDK ）

1.1 AWS Cloud Development Kit （AWS CDK）基礎介紹

AWS Cloud
Development Kit

▲ 圖 1-1 AWS Cloud Development Kit

1.1.1 AWS CDK 可以解決的問題

相信大家第一次拿起這本書可能覺得有點疑惑 AWS CDK 到底是什麼樣的東西，它可以解決什麼問題，而我們又為什麼需要用它呢？就讓我娓娓道來。

用過 AWS 服務都會知道，如果要在 AWS 建構一個雲端基礎架構，有兩種方法：

1. 手動建立

通常也是大家學習 AWS 的入門方法，就是使用 AWS Console（AWS 管理主控台），使用點點戳戳的方法把雲端架構製作出來。

使用這個方法安全又可靠，不過會發生一些問題。假設今天客戶的需求是建立 10 台 AWS EC2[1] 執行個體。

1　AWS EC2（Amazon Elastic Compute Cloud）在雲端提供安全可靠與可以自由調整大小的運算執行個體。

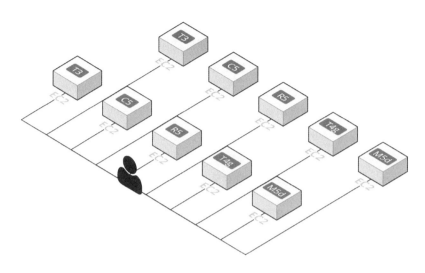

▲ 圖 1-2 客戶需求 10 台 AWS EC2 執行個體

並且因為業務需求需要在上面跑不同的服務，客戶希望這 10 台 AWS EC2 的類型要不一樣，會有 t3.micro、c5.large 與 r5.large 等等 …… 還需要有不同大小的 AWS EBS[2] 硬碟，因應裡面要放不同的程式與不同的紀錄檔，客戶還很貼心的把這些需求都寫下來製作成表格，收到訊息的我們只能到 AWS Console 看著表一步一步的把機器一台一台的開起來，並且標記機器是給什麼服務使用的，這樣做完可能 30 分鐘到 1 小時就過去了，運氣不好剛好恍神看錯還只能回去把錯誤的機器砍掉重新建立。

由此可見使用 AWS Console 建立雖然簡單方便，可是在大量客製化需求的情況其實需要花費非常多的時間。

2　AWS EBS（Amazon Elastic Block Store）高效能區塊儲存服務通常與 AWS EC2 共同使用。

2. 寫 AWS CloudFormation：

大家在學習 AWS 到達後半段會開始學習如何閱讀與撰寫 AWS CloudFormation，為的就是要解決客戶的複雜客製化問題，像是上述的問題就可以用 AWS CloudFormation 來解決，我們可以在 AWS CloudFormation 上一次指定多台 AWS EC2 執行個體的定義，包括不同的機器等級、類型、不同的 AWS EBS 硬碟大小或是每台 AWS EC2 對應的名稱，我們也可以在寫完 AWS CloudFormation 之後先審核（Review），儘管 AWS CloudFormation 可以處理複雜的客製化需求，但是使用 AWS CloudFormation 還是有幾個美中不足不好解決的問題：

- 它的定義方法只能是 JSON 或是 YAML 在閱讀上不太容易閱讀與不太直觀。
- 如果是使用 JSON 定義方法並沒有辦法在上面寫註解，久了可能就會遺忘當初寫這個功能的意義。
- 雖說主打 IaC 不過因為它還不是真正的程式化，要撰寫測試其實還是有一定難度的。

1.1.2 AWS CDK 的介紹

為了解決以上的問題 AWS 在 2019-07-11[3] 發佈了第一版的 AWS 雲端開發套件（AWS CDK）實作了基礎架構即代碼（IaC），只要會寫 TypeScript 或 Python 就可以自由使用平常習慣的開發語言來定義 AWS 雲端架構，而 Java 與 C# 版本也在預覽的階段中，對於開發者來說這真的是一個很大的突破。

AWS CDK 更新速度可以說是非常的快速，在同年度 2019-11-25[4] 就正式發佈了 Java 與 C# 版本。

3　https://aws.amazon.com/tw/about-aws/whats-new/2019/07/the-aws-cloud-development-kit-aws-cdk-is-now-generally-available1/

4　https://aws.amazon.com/tw/about-aws/whats-new/2019/11/the-aws-cloud-development-kit-aws-cdk-is-now-generally-available-in-java-and-c/

AWS CDK 的社群圈可以說是非常的活躍，我們可以在 GitHub aws-cdk[5] 專案看到一篇討論 Go (golang) language support #547[6]，大家對 Go 語言的需求反應非常熱烈，因此在 2021-04-07[7] 就發表了 Go 的預覽版本，相信不久就可以看到 Go 版本正式發佈了。

除了上述的好處之外 AWS CDK 還有更多的優點像是：

- 可以撰寫測試腳本：

  在平常開發 Web 程式上，如果今天有個上傳的功能，我們會習慣寫一段測試程式，把固定的檔案由程式上傳，再檢查是不是在對應的目錄，做一個簡單的測試。有了 AWS CDK 我們也可以寫出一樣的測試程式，而今天測試的目標並不是我們自己寫的測試程式，而是 AWS S3 的目錄！

- 不用定義繁瑣的 AWS IAM（Identity and Access Management）：

  在傳統的 AWS Console 使用上，服務跟服務之間的介接會需要考慮到它們之間 AWS IAM 要如何縮小到最小化才可以讓服務正常，又可以做出一個安全的系統。使用了 AWS CDK 之後，基礎的 AWS IAM 權限 AWS CDK 都會自動授予最低權限[8] 一切以最低權限標準來開發，讓系統變得更加安全。

- 目前的程式版本與線上部署版本做差異分析：

  在傳統寫 AWS CloudFormation 的時候，我們是沒有辦法直接對目前的版本與新版本的 AWS CloudFormation 做差異分析的。有了 AWS CDK 我們只需要一個指令，AWS CDK 就會比對目前版本與部署版本之間有什麼新的 AWS IAM 權限被變更或是多了什麼樣的 AWS Service，讓整個開發者體驗變得更人性化，減少錯誤發生的機會。

5　https://github.com/aws/aws-cdk

6　https://github.com/aws/aws-cdk/issues/547

7　https://aws.amazon.com/tw/blogs/developer/getting-started-with-the-aws-cloud-development-kit-and-go/

8　https://docs.aws.amazon.com/zh_tw/IAM/latest/UserGuide/best-practices.html#grant-least-privilege

- 讓服務間的 ID 串接變得更簡單容易：

  今天我們可能需要部署一台 AWS EC2，而這台 AWS EC2 會有幾個對應的 Security Group（安全群組），若我們希望它的 AWS EC2 名稱與 Security Group 有關聯，我們就可以把 AWS EC2 名稱的變數直接給創建 Security Group 的程式，然後再增加一些命名的規則，如此就可以減少許多命名 Security Group 名稱的時間，部署完成後在閱讀上也更容易理解。

- 在 IDE 中提供自動完成與使用說明：

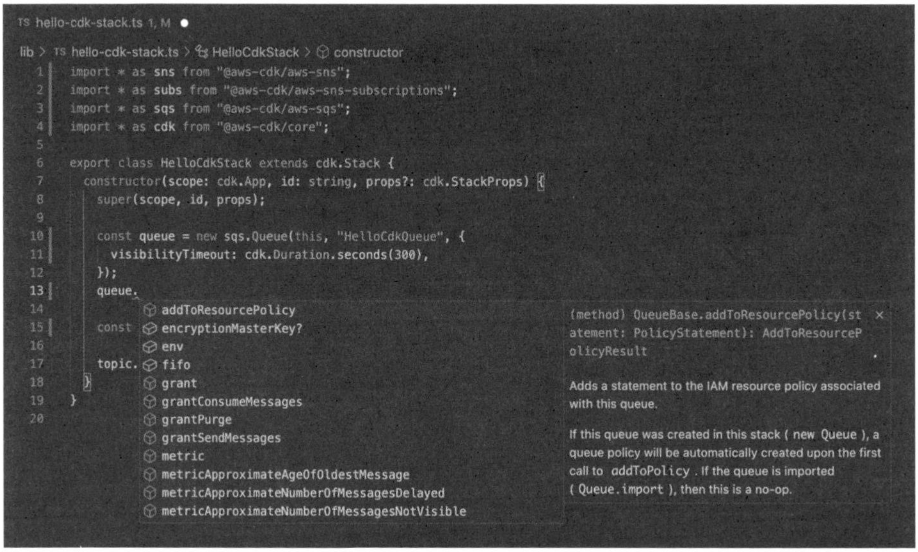
hello-cdk-stack.ts 1, M
lib > hello-cdk-stack.ts > HelloCdkStack > constructor
import * as sns from "@aws-cdk/aws-sns";
import * as subs from "@aws-cdk/aws-sns-subscriptions";
import * as sqs from "@aws-cdk/aws-sqs";
import * as cdk from "@aws-cdk/core";
export class HelloCdkStack extends cdk.Stack {
constructor(scope: cdk.App, id: string, props?: cdk.StackProps) {
super(scope, id, props);
const queue = new sqs.Queue(this, "HelloCdkQueue", {
visibilityTimeout: cdk.Duration.seconds(300),
});
queue.
const
topic.
addToResourcePolicy
encryptionMasterKey?
env
fifo
grant
grantConsumeMessages
grantPurge
grantSendMessages
metric
metricApproximateAgeOfOldestMessage
metricApproximateNumberOfMessagesDelayed
metricApproximateNumberOfMessagesNotVisible
(method) QueueBase.addToResourcePolicy(statement: PolicyStatement): AddToResourcePolicyResult
Adds a statement to the IAM resource policy associated with this queue.
If this queue was created in this stack (new Queue), a queue policy will be automatically created upon the first call to addToPolicy . If the queue is imported (Queue.import), then this is a no-op.

▲ 圖 1-3 自動補字與函數使用說明

1.2 安裝 AWS CDK Toolkit（cdk command）

在安裝 AWS CDK Toolkit 之前我們需要先安裝 AWS CLI v2 可以讓我們之後的使用上變的更順利。

1.2.1 安裝 AWS CLI version 2 macOS

在使用 macOS 的開發者相信對於 brew 是非常熟悉的，因此我其實比較推薦使用 brew 直接安裝 AWS CLI v2。安裝的方法很簡單只要使用一行指令即可完成，但是使用 brew 安裝 AWS CLI 會有一個缺點是當今天 AWS CLI 更新了一個新的功能，你想馬上用它通常 brew 並不會立刻更新，需要等一陣子 brew 更新後才可以使用 brew 指令更新 AWS CLI 來使用新功能。

> **注意！**
> ········
> 使用 brew 直接安裝的使用者，執行完指令後幫我直接跳到 1.2.3，不要再往下看了呦！

```
$ brew install awscli
```

▲ 圖 1-4　brew 安裝 AWS CLI v2

檢查是否安裝成功,如果有出現版本代表安裝成功了!

```
$ aws --version
aws-cli/2.2.7 Python/3.9.5 Darwin/20.4.0 source/x86_64 prompt/off
```

但有的使用者可能比較喜歡使用 pkg 的方法安裝,安裝方法也很簡單,只要下載最新版 AWS CLI v2 安裝檔 https://awscli.amazonaws.com/AWSCLIV2.pkg。

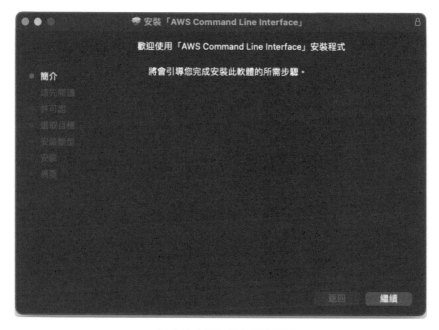

▲ 圖 1-5 AWS CLI 安裝導引

▲ 圖 1-6 AWS CLI 重要資訊

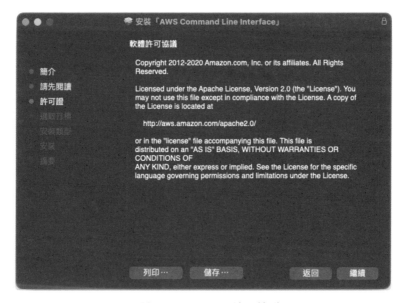

▲ 圖 1-7 AWS CLI 許可協議

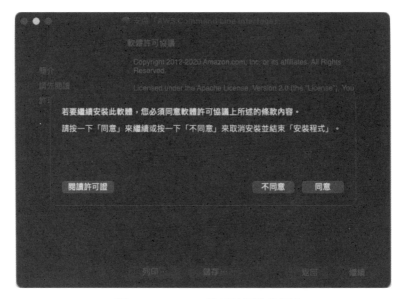

▲ 圖 1-8　AWS CLI 許可協議條款同意

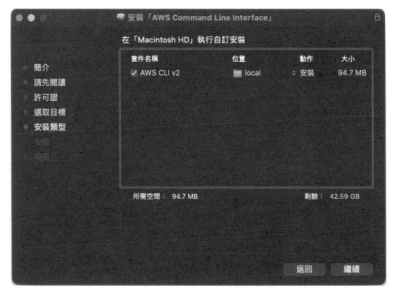

▲ 圖 1-9　AWS CLI 安裝目錄

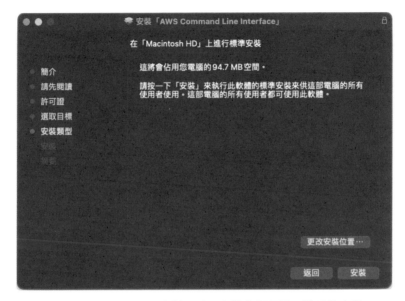

▲ 圖 1-10　AWS CLI 安裝，按下安裝後需要輸入管理員密碼

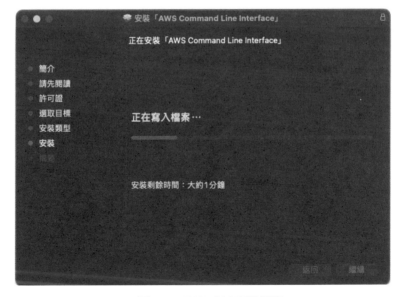

▲ 圖 1-11　AWS CLI 安裝過程

▲ 圖 1-12 AWS CLI 安裝成功

1.2.2 安裝 AWS CLI version 2 Windows

Windows 的 AWS CLI v2 安裝方法與一般安裝大家熟悉的 Windows 程式一樣，直接下載 Windows 的安裝程式 https://awscli.amazonaws.com/AWSCLIV2.msi。

▲ 圖 1-13 AWS CLI version 2 Windows 安裝

▲ 圖 1-14 AWS CLI version 2 Windows 許可協議條款同意

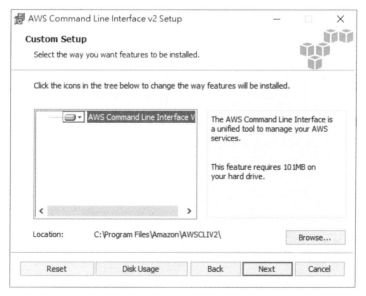

▲ 圖 1-15 AWS CLI version 2 Windows 安裝目錄

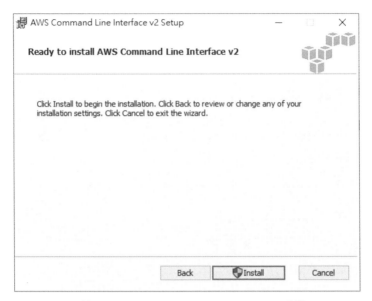

▲ 圖 1-16 AWS CLI version 2 Windows 安裝

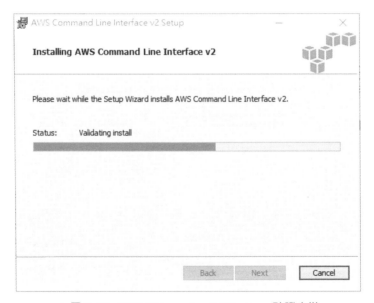

▲ 圖 1-17 AWS CLI version 2 Windows 驗證安裝

▲ 圖 1-18 AWS CLI version 2 Windows 安裝完成

檢查是否安裝成功，如果有出現版本代表安裝成功了！

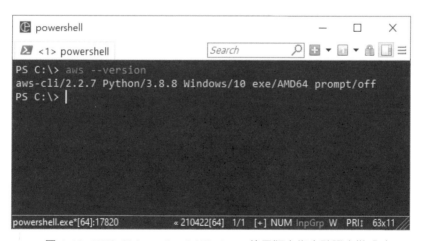

▲ 圖 1-19 AWS CLI version 2 Windows 使用版本指令驗證安裝成功

1.2.3 安裝 AWS CDK Toolkit macOS

如果你是 macOS 的使用者一樣可以使用 brew 來安裝 AWS CDK Toolkit，而安裝方法一樣是一行指令即可。

```
$ brew install aws-cdk
```

可以從下面的安裝紀錄看到使用 brew 安裝 AWS CDK Toolkit 它在安裝之前會先把依賴的 Node.js 先安裝之後才會裝 aws-cdk，可以說是非常的方便。

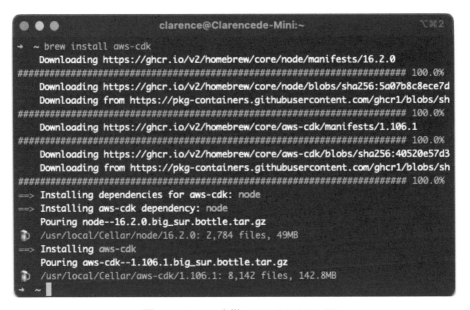

▲ 圖 1-20 brew 安裝 AWS CDK Toolkit

檢查是否安裝成功，如果有出現版本代表安裝成功了！

```
$ cdk --version
1.106.1 (build c832c1b)
```

> 注意！
> ·········
> 使用 brew 直接安裝的使用者，執行完指令後幫我直接跳到 1.3，不要再往
> 下看了呦！

如果你是不想使用 brew 安裝的使用者，需要先安裝 Node.js 後再使用 npm 安裝
AWS CDK Toolkit，安裝 Node.js 後使用指令安裝。

```
$ npm install -g aws-cdk
```

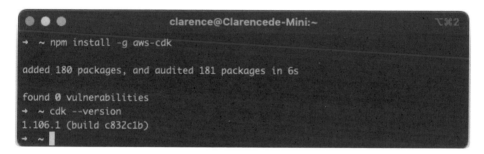

▲ 圖 1-21 macOS 使用 npm 安裝 AWS CDK Toolkit

1.2.4 安裝 AWS CDK Toolkit Windows

在 Windows 上需要先安裝 Node.js，目前最新版的安裝載點在 https://nodejs.org/
dist/v16.2.0/node-v16.2.0-x86.msi，因為 Node.js 並沒有直接提供最新版載點的選
項，如果使用者想要安裝最新版可以直接到官網下載[9] 最新版本的 Node.js 來安
裝。

---

9 Node.js 下載點：https://nodejs.org/en/download/

安裝完 Node.js 一樣使用 npm 指令來安裝 aws-cdk。

```
$ npm install -g aws-cdk
```

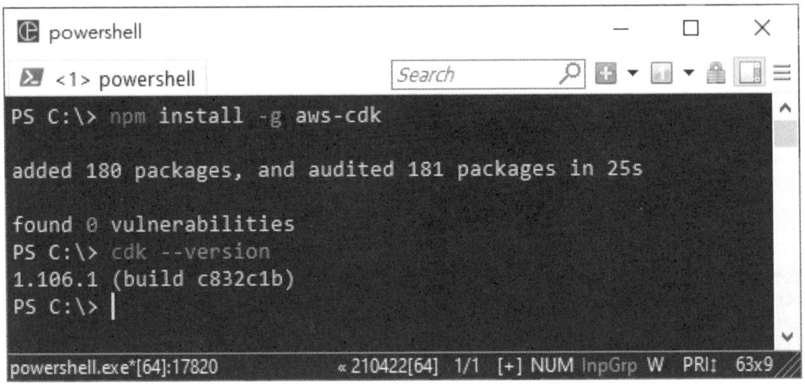

▲ 圖 1-22 Windows 使用 npm 安裝 AWS CDK Toolkit

檢查是否安裝成功，如果有出現版本代表安裝成功了！

```
$ cdk --version
1.106.1 (build c832c1b)
```

1.3 設定 AWS CLI

安裝完 AWS CLI 與 AWS CDK Toolkit 後會希望使用者先設定 AWS CLI 這樣會讓後面
的部署過程變得更輕鬆，不會因為有什麼設定不完全就卡住。

1.3.1 使用 aws configure 設定 AWS CLI

那要怎麼開始呢？首先先使用 aws configure 指令設定 Access Key ID 與 AWS Secret Access Key，設定結果如下：

```
$ aws configure
AWS Access Key ID [None]: AKIAIOSFODNN7EXAMPLE
AWS Secret Access Key [None]: wJalrXUtnFEMI/K7MDENG/bPxRfiCYEXAMPLEKEY
Default region name [None]: us-west-2
Default output format [None]:
```

設定完成後我們可以使用指令查看一下 S3 裡面的 bucket 列表，看看 Access Key 與 Access Key 有沒有設定成功，使用方法如：

```
$ aws s3 ls
2021-01-01 17:08:50 mybucket
2021-01-02 14:55:44 mybucket2
```

1.3.2 aws configure 加入設定檔名稱

在一般使用上有可能一個人會有很多的 AWS account，如果每次都要使用 aws configure 去修改實在是太累了，而且這樣一來還需要另外準備一份文件保存 AWS account，使用時還要去翻找這份檔案。然而 aws 指令其實有提供 profile 參數讓我們為每個設定命名，其命名方法如下：

```
$ aws configure --profile prod
AWS Access Key ID [None]: AKIAI44QH8DHBEXAMPLE
AWS Secret Access Key [None]: je7MtGbClwBF/2Zp9Utk/h3yCo8nvbEXAMPLEKEY
Default region name [None]: us-east-1
Default output format [None]:
```

檢查有沒有設定成功我們可以使用 aws sts get-caller-identity 來確定,如果有正確設定我們就可以取得到它的 Arn,直接使用會出現分頁模式,要關閉它可以使用 Control + C,如果不想要出現分頁模式我們可以在後面加上 --no-cli-pager,讓它關閉分頁模式。

```
$ aws sts get-caller-identity --profile prod --no-cli-pager
{
    "UserId": "AKIAIOSFODNN7EXAMPLE",
    "Account": "888888888888",
    "Arn": "arn:aws:iam::888888888888:user/clarence"
}
```

以上就是簡單的 AWS CLI 設定檔教學。

1.4 你的第一個 AWS CDK 專案

有了以上的初始設定之後,我們就可以來講解如何使用 AWS CDK 啦!

首先先到一個自己喜歡的目錄,我通常習慣在 Documents 下面開一個 cdk 的目錄,把所有的 cdk 專案都放在一起做管理,所以我先到 Documents 下面建立一個專案資料夾,並且切換到資料夾裡面。

```
$ mkdir hello-cdk && cd hello-cdk
```

進去之後就可以用第一個 cdk 指令 cdk init 來把 sample 專案建立起來!

```
$ cdk init sample-app --language=typescript
```

> **Tips** 指令拆解
>
> ....
>
> 建立專案：**cdk init** sample-app --language=typescript
>
> 專案模板使用樣本模板 sample-app：cdk init **sample-app** --language=typescript
>
> 指定語言使用 typescript：sample-app cdk init sample-app **--language=typescript**

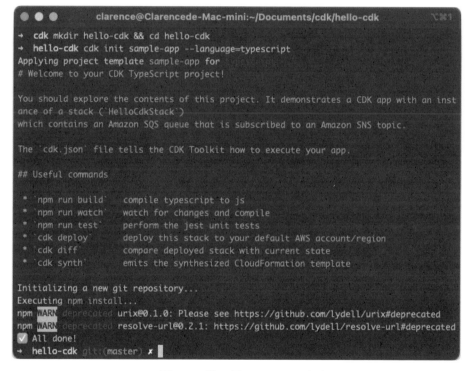

```
clarence@Clarencede-Mac-mini:~/Documents/cdk/hello-cdk            ⌄⌘1
→ cdk mkdir hello-cdk && cd hello-cdk
→ hello-cdk cdk init sample-app --language=typescript
Applying project template sample-app for
# Welcome to your CDK TypeScript project!

You should explore the contents of this project. It demonstrates a CDK app with an inst
ance of a stack (`HelloCdkStack`)
which contains an Amazon SQS queue that is subscribed to an Amazon SNS topic.

The `cdk.json` file tells the CDK Toolkit how to execute your app.

## Useful commands

 * `npm run build`   compile typescript to js
 * `npm run watch`   watch for changes and compile
 * `npm run test`    perform the jest unit tests
 * `cdk deploy`      deploy this stack to your default AWS account/region
 * `cdk diff`        compare deployed stack with current state
 * `cdk synth`       emits the synthesized CloudFormation template

Initializing a new git repository...
Executing npm install...
npm WARN deprecated urix@0.1.0: Please see https://github.com/lydell/urix#deprecated
npm WARN deprecated resolve-url@0.2.1: https://github.com/lydell/resolve-url#deprecated
✅ All done!
→ hello-cdk git:(master) ✗ █
```

▲ 圖 1-23 第一個 AWS CDK 專案

使用 Visual Studio Code 開啟專案[10]。

```
$ code .
```

---

10 安裝 Visual Studio Code 方法可以參考附錄 A 的安裝說明

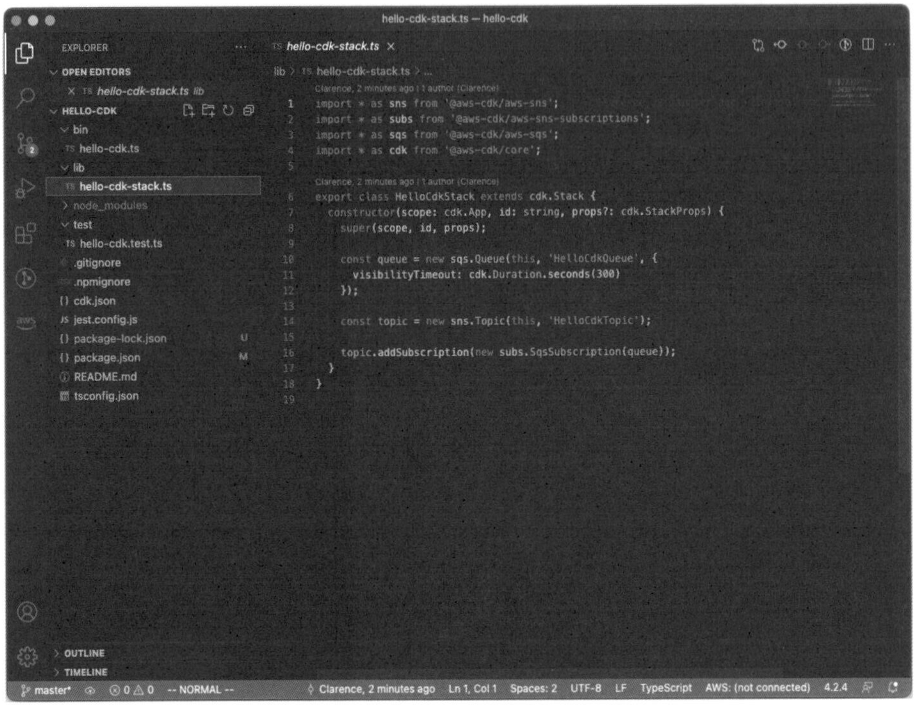

▲ 圖 1-24　第一個 AWS CDK 專案使用 Visual Studio Code 開啟

Tips 資料夾與檔案詳解

- lib/cdk-workshop-stack.ts：CDK 主要的程式位置。
- bin/cdk-workshop.ts：主要的程式進入點，預設會引用 lib/cdk-workshop-stack.ts。
- package.json：npm 模組清單裡面定義了套件的版本與指令，例如：build、watch、test 與 cdk。
- cdk.json：設定 toolkit 如何執行 app。
- tsconfig.json：typescript 設定檔。
- .gitignore：設定 git 應該要排除的文件。

- .npmignore：設定 npm 應該要排除的文件。
- node_modules：nodejs 套件包執行完 npm install 後的文件都會安裝在此資料夾裡面。
- test：CDK 測試的程式位置。

1.5 CDK 指令介紹

事前準備都完成了那我們就來先講解一下 CDK 指令。

- cdk list

  列出此專案所有的 stack list，如果覺得指令太長不好記可以使用 cdk ls 替代為什麼會出現 HelloCdkStack 呢？

  ```
  $ cdk list
  HelloCdkStack
  ```

  我們可以看一下範例程式 bin/hello-cdk.ts，可以發現 HelloCdkStack 是在這邊定義的。

  ```
  const app = new cdk.App();
  new HelloCdkStack(app, 'HelloCdkStack');
  ```

  需要詳細的 stack list 可以在後面加上 --long 取得更詳細資料。

  ```
  $ cdk list --long
  - id: HelloCdkStack
    name: HelloCdkStack
    environment:
  ```

```
account: unknown-account
region: unknown-region
name: aws://unknown-account/unknown-region
```

■ cdk synthesize

列印此 Stack 的 CloudFormation 腳本，若是覺得指令過長，或者不易記憶的
話，亦可使用 cdk synth 替代。

```
$ cdk synthesize
```

預設指令會輸出 YAML 到標準輸出（stdout），如果要輸出檔案可以直接加上
> output.yaml 即可取得目前的 CloudFormation 檔案。

```
$ cdk synthesize > output.yaml
```

專案裡面有多個 stack 的情況可以直接在指令指定輸出的 stack，如指令範例
的 HelloCdkStack。

```
$ cdk synth HelloCdkStack
```

有的使用者可能會喜歡看 JSON 檔案，想要 cdk 輸出 JSON 直接在後面加上
--json 即可。

```
$ cdk synth --json > output.json
```

輸出 CloudFormation 腳本是為了讓大家可以看看 CDK 自動產生的腳本是什麼
模樣，基本上在撰寫 CDK 除非必要，一般是不用去看 CloudFormation 腳本，
所以這部分就留給有興趣的朋友囉！

```
clarence@Clarencede-Mac-mini:~/Documents/cdk/hello-cdk          ⌥⌘1
→ hello-cdk git:(master) ✗ cdk synth HelloCdkStack
Resources:
  HelloCdkQueueB56C77B9:
    Type: AWS::SQS::Queue
    Properties:
      VisibilityTimeout: 300
    UpdateReplacePolicy: Delete
    DeletionPolicy: Delete
    Metadata:
      aws:cdk:path: HelloCdkStack/HelloCdkQueue/Resource
  HelloCdkQueuePolicy027FC30A:
    Type: AWS::SQS::QueuePolicy
    Properties:
      PolicyDocument:
        Statement:
          - Action: sqs:SendMessage
            Condition:
              ArnEquals:
                aws:SourceArn:
                  Ref: HelloCdkTopic1F583424
            Effect: Allow
            Principal:
              Service: sns.amazonaws.com
            Resource:
              Fn::GetAtt:
                - HelloCdkQueueB56C77B9
                - Arn
        Version: "2012-10-17"
      Queues:
        - Ref: HelloCdkQueueB56C77B9
    Metadata:
      aws:cdk:path: HelloCdkStack/HelloCdkQueue/Policy/Resource
  HelloCdkQueueHelloCdkStackHelloCdkTopic850E0FBD36A066B9:
    Type: AWS::SNS::Subscription
    Properties:
      Protocol: sqs
      TopicArn:
        Ref: HelloCdkTopic1F583424
      Endpoint:
        Fn::GetAtt:
          - HelloCdkQueueB56C77B9
          - Arn
    Metadata:
      aws:cdk:path: HelloCdkStack/HelloCdkQueue/HelloCdkStackHelloCdkTopic850E0FBD/Reso
urce
  HelloCdkTopic1F583424:
    Type: AWS::SNS::Topic
    Metadata:
      aws:cdk:path: HelloCdkStack/HelloCdkTopic/Resource
  CDKMetadata:
    Type: AWS::CDK::Metadata
    Properties:
      Analytics: v2:deflate64:H4sIAAAAAAAAE1WMzQ6CMAzHn4X7KMwDZxNeQMEXwDKTgq64bhqz7N1lk
Jh4aX//j1aDrhvQxXF4S4njXEVKZyDZfsBZtWzFu4BetTfbGeHg0GReg5E8sU0qH0Z5CsRzMGFLd9jmie+En5+5
y6TErv0+XAUdLflPbvzpCy+EZd0gpaQsjwYmqV66gQPUxSREpQvW08NAt+8vQSq+lM8AAAA=
    Metadata:
      aws:cdk:path: HelloCdkStack/CDKMetadata/Default
    Condition: CDKMetadataAvailable
Conditions:
```

▲ 圖 1-25 使用 cdk synthesize 產生 CloudFormation 腳本

- cdk bootstrap

  部署 CDK toolkit stack 到 AWS，執行完會在該區域的 S3 Buckets 建立一個開頭命名為 cdktoolkit 的 Bucket，並在該區域的 CloudFormation 會建立一個 CDKToolkit 的 Stack。

  ```
  $ cdk bootstrap
  ```

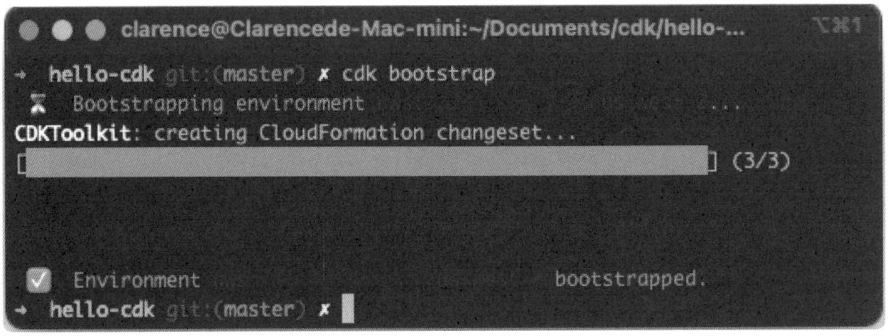

  ▲ 圖 1-26 使用 cdk bootstrap

在移除部分目前還沒有 CDK 指令可以做到，不過我們可以使用 AWS CLI 來完成這件事情。要移除 CDK 部署的 bootstrap，我們需要移除 CloudFormation 的 Stack，可以使用 CloudFormation CLI 執行 **delete-stack**[11]，而 S3 的部分是經由 CloudFormation 建立的，所以不用另外處理 S3 Bucket 的移除。

  ```
  $ aws cloudformation delete-stack --stack-name CDKToolkit
  ```

---

11 https://docs.aws.amazon.com/cli/latest/reference/cloudformation/delete-stack.html

> **注意！**
> ....
> 如果今天在多個 AWS Region 都有使用 AWS CDK 是需要在每個 Region 都執
> 行一次指令的，可以直接使用 --region 方便對多個 Region 執行移除指令
>
> ```
> $ aws --region us-west-2 cloudformation delete-stack --stack-name
> CDKToolkit
> ```

- cdk deploy

  部署 CDK 腳本到 AWS 上，很直覺得指令。後面的範例會常常用到它，記不起
  來也一定會記起來的！

  ```
  $ cdk deploy
  ```

▲ 圖 1-27　使用 cdk deploy

- cdk destroy

  移除所有 stack 的部署，因為 CDK 底層是直接使用 CloudFormation 部署的，
  在移除上可以直接使用 cdk destroy，讓它去呼叫 CloudFormation 把它們都移除
  乾淨。

  ```
  $ cdk destroy
  ```

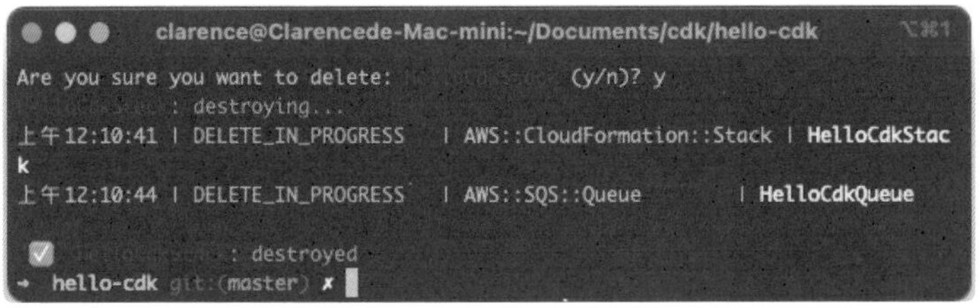

▲ 圖 1-28 使用 cdk destroy

■ cdk diff

比較本地版本與線上部署版本的差異或是指定 stack 版本與線上部署版本的差異。

```
$ cdk diff
```

▲ 圖 1-29 使用 cdk diff

可以由上方範例看出來，比較後目前版本會新增一個 IAM 項目是 "sqs:SendMessage" 與新增 4 個 Resources 分別是：

- [+] AWS::SQS::Queue
- [+] AWS::SQS::QueuePolicy
- [+] AWS::SNS::Subscription
- [+] AWS::SNS::Topic

上方範例是在還沒執行 cdk deploy 的時候執行的結果，如果已經執行那看到的 cdk diff 結果會如下：

已經執行過可以使用 cdk destroy 執行移除後再使用 cdk diff 就會與上面的執行結果一樣了！

▲ 圖 1-30　使用 cdk deploy 部署後執行 cdk diff

- cdk init

  在 1.4〈你的第一個 AWS CDK 專案〉有使用過 cdk init 指令了，當時是使用 sample-app 指令來創建範例，而 cdk init 還有另外兩種指令：

  - 創建 CDK Application 的 app 指令
  - 創建 CDK Construct Library 的 lib 指令

  以下是一些使用範例提供給你在創建專案的時候可以更容易使用

  ```
  $ cdk init app --language=typescript # 創建 typescript 語言的 app
  $ cdk init app -l typescript # 如果覺得 language 太長可以使用簡寫
  ```

```
$ cdk init -l typescript # 預設是創建 app 所以 app 可以省略
$ cdk init lib # Construct Library 只能使用 typescript 因此後面不用指定語言
```

如果想要看看上述指令的提示也可以直接在後面加入 --list

```
$ cdk init --list
Available templates:
* app: Template for a CDK Application
   └── cdk init app --
      language=[csharp|fsharp|java|javascript|python|typescript]
* lib: Template for a CDK Construct Library
   └── cdk init lib --language=typescript
* sample-app: Example CDK Application with some constructs
   └── cdk init sample-app --
      language=[csharp|fsharp|java|javascript|python|typescript]
```

■ cdk context

取得 cdk.json 裡面的設定值，在少部分模組裡面可以看到使用 context 控制
的設定開關，例如 "aws-ecr-assets"[12] 模組就有說明可以設定 @aws-cdk/aws-ecr-
assets:dockerIgnoreSupport 來開啟 docker ignore 的支援。

12　https://docs.aws.amazon.com/cdk/api/latest/docs/aws-ecr-assets-readme.html

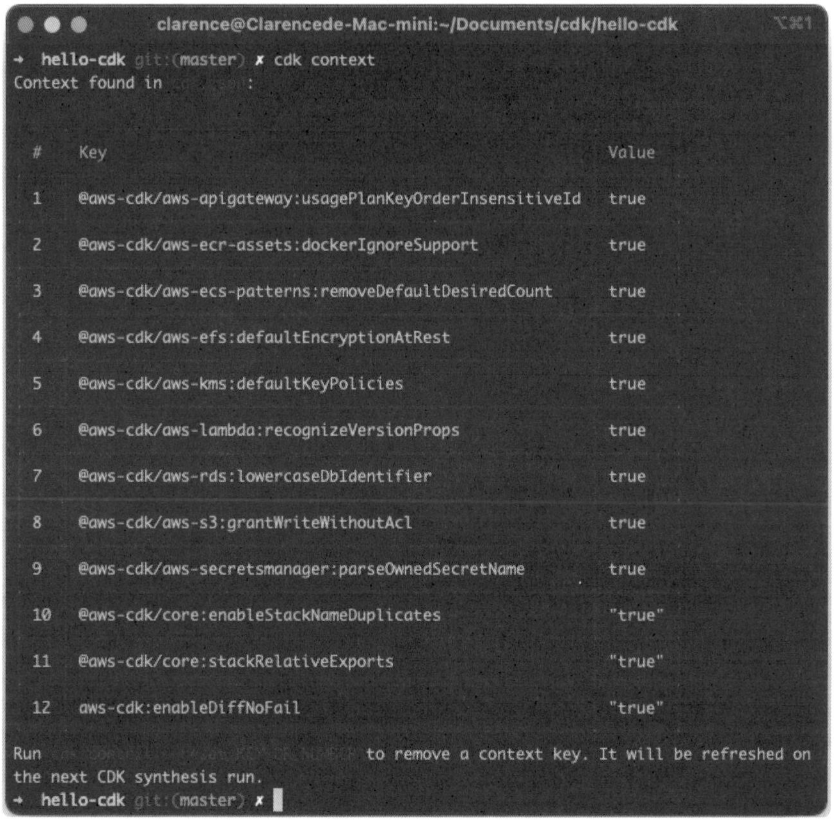

```
→ hello-cdk git:(master) ✗ cdk context
Context found in        :

#    Key                                                          Value

1    @aws-cdk/aws-apigateway:usagePlanKeyOrderInsensitiveId       true

2    @aws-cdk/aws-ecr-assets:dockerIgnoreSupport                  true

3    @aws-cdk/aws-ecs-patterns:removeDefaultDesiredCount          true

4    @aws-cdk/aws-efs:defaultEncryptionAtRest                     true

5    @aws-cdk/aws-kms:defaultKeyPolicies                          true

6    @aws-cdk/aws-lambda:recognizeVersionProps                    true

7    @aws-cdk/aws-rds:lowercaseDbIdentifier                       true

8    @aws-cdk/aws-s3:grantWriteWithoutAcl                         true

9    @aws-cdk/aws-secretsmanager:parseOwnedSecretName             true

10   @aws-cdk/core:enableStackNameDuplicates                      "true"

11   @aws-cdk/core:stackRelativeExports                           "true"

12   aws-cdk:enableDiffNoFail                                     "true"

Run                         to remove a context key. It will be refreshed on
the next CDK synthesis run.
→ hello-cdk git:(master) ✗ █
```

▲ 圖 1-31 使用 cdk context

如果在 cdk.json 裡面設定了參數，但是希望這次執行的設定值不一樣，我們可以使用 --context 或是 -c 來修改此次的設定。

```
$ cdk synth --context @aws-cdk/aws-ecr-assets:dockerIgnoreSupport=false
$ cdk deploy --context @aws-cdk/aws-ecr-assets:dockerIgnoreSupport=false
```

■ cdk docs

快速開啟 AWS CDK 參考文件，它會幫我們使用預設瀏覽器開啟 https://docs. aws.amazon.com/cdk/api/latest/。

```
$ cdk docs
```

```
https://docs.aws.amazon.com/cdk/api/latest/
```

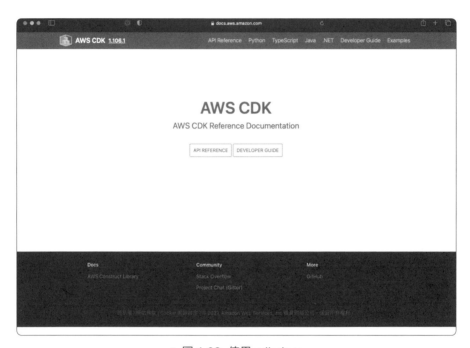

▲ 圖 1-32 使用 cdk docs

- cdk doctor

  列出目前的設定參數與相關資訊用於故障排除。

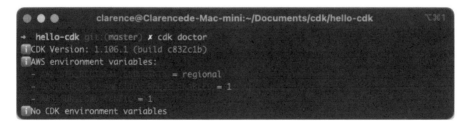

▲ 圖 1-33 使用 cdk doctor

‖ 1.6 參考資源

因為 CDK 進步速度實在是太快了，本書只能帶你理解整體架構與入門基礎，所以整理了幾個重要的學習資源，讓你在需要找資料的時候有更多的資源可以使用。

- AWS CDK API 參考文件 – 英文

  https://docs.aws.amazon.com/cdk/api/latest/

  CDK 每一個版本更新此文件就會自動更新，因此看這份文件就可以知道最新的 CDK API 如何使用。

- AWS 開發者文件 – 英文

  https://docs.aws.amazon.com/zh_tw/cdk/latest/guide/home.html

  文件會從 What is the AWS CDK? 開始介紹，目前只有英文閱讀起來可能需要一點時間，不過還滿推薦閱讀的。

- AWS CDK Workshop – 英文

  https://cdkworkshop.com/

  內容會帶大家做一個 Workshop 從 Lambda、API Gateway、DynamoDB、CloudWatch 一步步教你如何做出一個簡單的 Web 服務，最後會說明怎麼把建立的服務給移除，是一個滿完整的 Workshop 文件。

- AWS CDK 範例 – 英文

  https://github.com/aws-samples/aws-cdk-examples

  裡面有很多不錯的範例可以提供參考，如果找不到靈感可以先去這邊挖挖是個不錯的選擇！

- AWS CDK Github – 英文

  https://github.com/aws/aws-cdk

  AWS CDK 是 Open Source Project 因此所有的程式碼都可以從這邊找到，如果遇到了問題也可以直接發 issue 詢問，有新的想法或是 BUG 修復也可以直接發送 PR。

- AWS CDK 社群 - 英文

  https://cdk.dev/

  裡面收集了很多 AWS CDK 生態系的文章，如果有想要更深入的研究或是看看國外的開發者都在玩什麼不妨可以去看看。

- Construct Hub - 英文

  https://constructs.dev/

  想要快速找到適合你使用的 Construct Library 嗎？到這邊找找吧！

- Pahud Dev Youtube 頻道 – 中文

  作者：Pahud - Developer Advocate – AWS

  主題：Getting Started with AWS CDK

  https://bit.ly/3jmjSgg

  目前有 11 支 4K 高畫質影片，文字看累了不妨看一下影片，讓 Pahud 手把手帶你使用 AWS CDK 吧！

- 拆解整合的旅人 – 中英混合

  作者：Ernest Chiang - AWS Community Hero

  主題：學習筆記：AWS Cloud Development Kit (AWS CDK)

  https://www.ernestchiang.com/zh/notes/aws/cdk/

  裡面有些 Ernest 在學習使用 AWS CDK 的經驗跟筆記，有空不妨也看一下。

CDK Sample
學習之路

2.1 如何開始 AWS CDK 的學習

在開始要學習 AWS CDK 的時候，相信你跟我一樣是先去 Google 找到官網開始閱讀官方文件，不過還是有種不知道要怎麼開始的感覺對吧？而我一開始也是不過看了看覺得最好入門的方法是從 cdk init 提供的 sample-app 開始是一個最好的方法，所以第二章開頭就來分析 sample-app。內容說明有點細，如果你有先玩過 AWS CDK 可能會覺得內容過於簡單，不過考慮到各種不同的讀者所以本章節還是選擇把每個功能講清楚，假使你覺得內容過於基礎那就當作複習把它翻過吧！或許可以在裡面找到一些之前沒注意過的細節。

2.1.1 分析 AWS CDK sample-app

AWS CDK 的 sample-app 剛建立起來其實會發現它有非常多的檔案，第一次使用應該會摸不著頭緒它在做什麼，但是完全看懂它其實就可以理解 AWS CDK 大概怎麼寫了，所以現在就跟我一起來分析這個 sample-app 吧！

在開始之前先說明這個 sample-app 的架構，它就是一個串接 Amazon SQS 與 Amazon SNS 的範例，所以架構圖畫起來就會如圖 2-1。

▲ 圖 2-1 sample-app 架構圖

2.1.1.1 資料夾與檔案的簡略介紹

在開始講解之前我們先來看看 CDK 專案裡面各別檔案的用途是什麼吧！

- lib/hello-cdk-stack.ts：CDK Lib 也就是主要邏輯程式放置的位置
- bin/hello-cdk.ts：主要程式進入點會引用 lib 資料夾裡面的檔案，以此範例會引用 cdk-workshop-stack.ts
- node_modules/：Node.js 套件包位置，當執行完 npm install 後所有的套件都會安裝在此資料夾裡面
- test/：CDK 測試程式的位置
- .gitignore：設定 git 應該要排除的文件
- .npmignore：設定 npm 發布時要排除的文件
- cdk.json：執行 AWS CDK Toolkit 它會去找此檔案知道如何執行此 app

Tips 進階使用

如果想要直接執行不想經過 cdk.json 也可以使用 --app 來執行 CDK

```
$ cdk --app "npx ts-node bin/hello-cdk.ts" ls
```

- jest.config.js：Jest [1] 測試設定檔
- package.json：npm 設定檔定義了套件版本與 script 指令，例如：
  - build：npm run build 用於編譯 TypeScript
  - watch：npm run watch 會在寫 TypeScript 的時候即時編譯
  - test：npm test 會去執行 Jest 執行測試
  - cdk：npm cdk 會去執行 node_modules/.bin/cdk 的 CDK 不過我們有在系統安裝指令所以通常不太用它
- README.md：裡面有寫基礎的 CDK 怎麼使用有興趣可以去看看
- tsconfig.json：typescript 設定檔

1　Jest：JavaScript 常用的測試 framework https://jestjs.io

2.1.1.2 bin/hello-cdk.ts 程式介紹

了解了各個檔案的用途後那我們來看整隻程式最重要的兩個檔案分別在寫什麼吧！首先是程式進入點的 bin/hello-cdk.ts 它只有短短的 6 行。

```
1  #!/usr/bin/env node
2  import * as cdk from '@aws-cdk/core';
3  import { HelloCdkStack } from '../lib/hello-cdk-stack';
4
5  const app = new cdk.App();
6  new HelloCdkStack(app, 'HelloCdkStack');
```

第 1 行大家應該常常看到它，不過應該蠻多人不太理解它的主要目的地。

```
#!/usr/bin/env node
```

它的意思是此文件使用 Node.js 執行，而為什麼會這樣寫呢？

在説之前先來介紹一下 #! 它的名字叫做 Shebang 也叫 Hashbang，我們平常稱 # 叫做 Sharp 或是 Hash 而！稱它為 Bang，所以合再一起就是 Shebang 或是 Hashbang 了簡單吧！此內容用於直譯器指令在系統分析完 Shebang 後，會把檔案路徑當作直譯器的參數。説到這邊如果常用 Linux 的應該會有一個疑問，如果要呼叫 Node.js 不是應該寫成如下感覺比較合乎常理？

```
#!/usr/bin/node
```

但是寫 /usr/bin/node 對於 macOS 的使用者來説這個絕對路徑其實是錯誤的，如果有 macOS 的環境可以直接呼叫指令試試看，其實是會找不到的。

```
$ /usr/bin/node
zsh: no such file or directory: /usr/bin/node
```

那怎麼解決這個問題呢？這時候就會使用 env 去找它，它會去找使用者的 PATH 設定檔再去執行 node 指令，我們可以直接試試看使用 env 呼叫 node 指令試試看。

```
$ env node
Welcome to Node.js v16.2.0.
Type ".help" for more information.
>
```

如此可以看到要保有相容性使用 env 呼叫是最好的，因此才會看到第一行的宣告是 #!/usr/bin/env node。

第 2～3 行是 Library 的引入方法，在這邊我們引入 CDK 的核心與自己寫的 Library

```
import * as cdk from '@aws-cdk/core';
import { HelloCdkStack } from '../lib/hello-cdk-stack';
```

第 5 行在執行之前我們會先使用 new 將 cdk.App 物件建構起來。

```
const app = new cdk.App();
```

第 6 行把剛剛 new 起來的 app 放入 Library 的 HelloCdkStack 並放入 id 名稱為 HelloCdkStack。這就是 CDK bin 檔案的標準寫法，未來後面範例在 bin 檔案都是大同小異的。

```
new HelloCdkStack(app, 'HelloCdkStack');
```

2.1.1.3 lib/hello-cdk-stack.ts 程式介紹

看完了 bin/hello-cdk.ts 後我們一起來看 sample-app 的 Library，lib/hello-cdk-stack.ts 是怎麼寫的！

```
1 import * as sns from '@aws-cdk/aws-sns';
2 import * as subs from '@aws-cdk/aws-sns-subscriptions';
3 import * as sqs from '@aws-cdk/aws-sqs';
4 import * as cdk from '@aws-cdk/core';
5
6 export class HelloCdkStack extends cdk.Stack {
7   constructor(scope: cdk.App, id: string, props?: cdk.StackProps) {
8     super(scope, id, props);
9
10    const queue = new sqs.Queue(this, 'HelloCdkQueue', {
11      visibilityTimeout: cdk.Duration.seconds(300)
12    });
13
14    const topic = new sns.Topic(this, 'HelloCdkTopic');
15
16    topic.addSubscription(new subs.SqsSubscription(queue));
17  }
18 }
```

第 1 ~ 4 行前面介紹過了是 Library 引入，在這個範例使用了 AWS SNS 與 AWS SQS 因此這邊引入它們，如果要找它們在哪裏可以在 AWS CDK API Reference[2] 線上文件找到它們。

```
import * as sns from '@aws-cdk/aws-sns';
import * as subs from '@aws-cdk/aws-sns-subscriptions';
import * as sqs from '@aws-cdk/aws-sqs';
import * as cdk from '@aws-cdk/core';
```

---

2 https://docs.aws.amazon.com/cdk/api/latest/docs/aws-construct-library.html

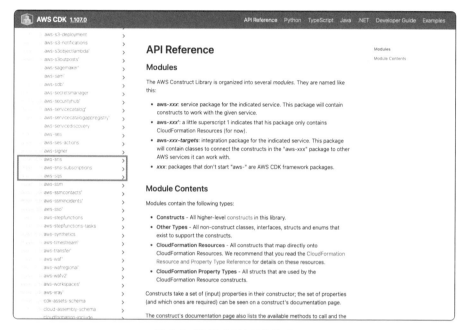

▲ 圖 2-2　AWS CDK API Reference

第 6 行 export 一個 class 名稱 HelloCdkStack 繼承 cdk.Stack

```
export class HelloCdkStack extends cdk.Stack {}
```

第 7 行透過 new 傳入的參數用 constructor 接收

```
constructor(scope: cdk.App, id: string, props?: cdk.StackProps) {}
```

第 8 行使用 super 得到父類別的值

```
super(scope, id, props);
```

第 10 ~ 12 行新建一個 AWS SQS Queue 並且設定 timeout 為 300 秒。在這邊我們可以很直覺的看出來，今天我們要新增任何的服務通常就是服務名稱加上點，讓 VS Code 提示我們怎麼使用，如此的開發者體驗是最好的。

```
const queue = new sqs.Queue(this, 'HelloCdkQueue', {
    visibilityTimeout: cdk.Duration.seconds(300)
});
```

如圖 2-3 可以看到當我們輸入 sqs 後，會看到提示有多種 class 可以呼叫，如此就可以很輕鬆的找到我們目前需要的功能是否可以使用 AWS CDK 建立。

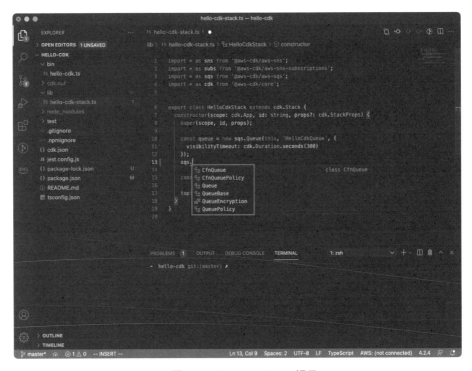

▲ 圖 2-3 VS Code Class 提示

舉例來說我們要新增 SQS 的 policy，直覺來看就可以使用 QueuePolicy 來完成這個需求，如圖 2-4 按下輸入之後，我們可以看到提示也告訴我們它是用來增加 SQS queues 的 policy 的！

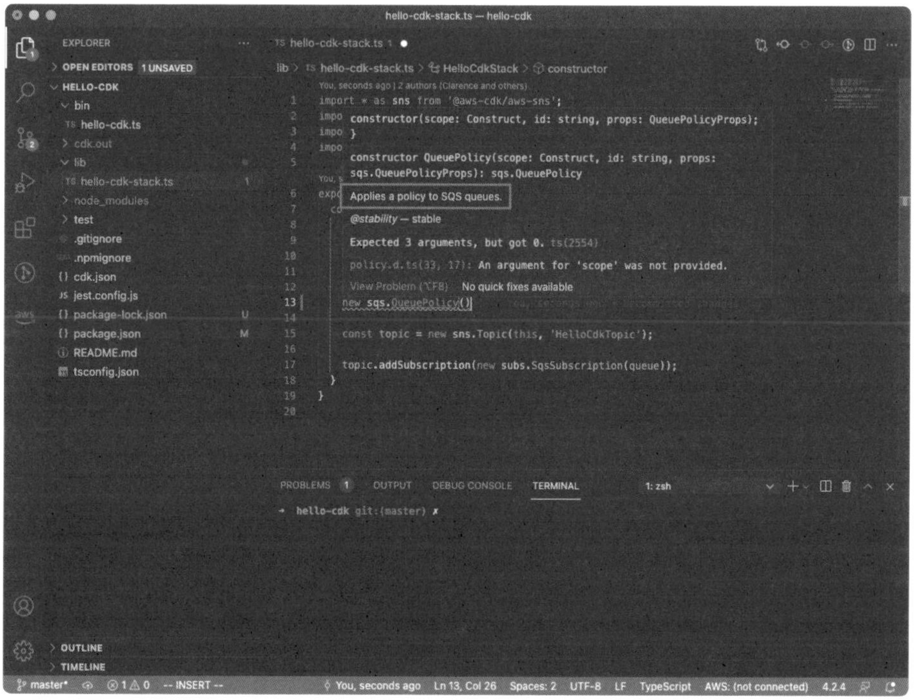

▲ 圖 2-4　VS Code Construct 提示

如圖 2-5 我們把第一個參數與第二個參數補完，剩下第三個參數可以看到它提示我們少了 queues，如此的開發體驗讓我們幾乎不需要去看文件，就可以輕易上手，並且少了很多翻找文件的時間。

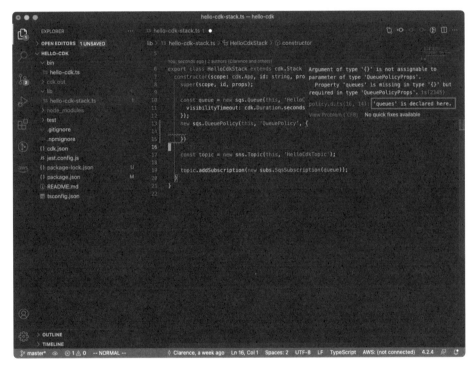

▲ 圖 2-5　QueuePolicyProps 提示缺少 queues

如圖 2-6 把參數補齊就可以看到紅色的底線不見了，代表我們寫的程式是正確的，不過這個小節並沒有要說明如何使用 QueuePolicy，所以記得把它移除才不會影響到後面的解說。

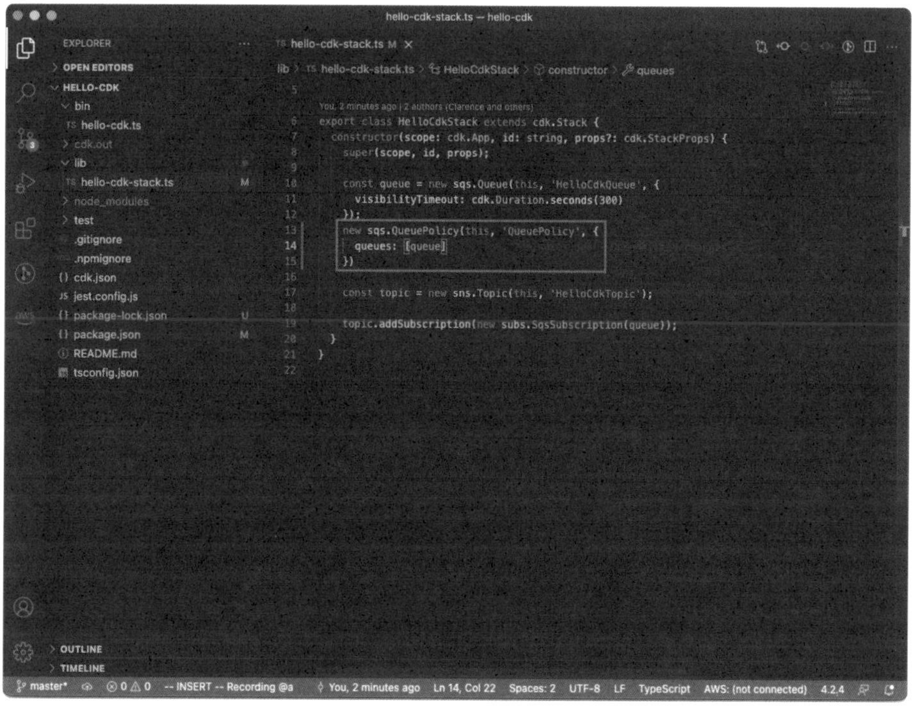

▲ 圖 2-6 QueuePolicy 使用方法

第 14 行新建一個 AWS SNS topic 並且指定為 topic

```
const topic = new sns.Topic(this, 'HelloCdkTopic');
```

第 16 行將 sns topic 加入到 sqs queue 中

```
topic.addSubscription(new subs.SqsSubscription(queue));
```

2.2 執行 AWS CDK sample-app

分析完整個 sample-app 後，我們把它實際部署上去試試看吧！

部署方法使用「1.5 CDK 指令介紹」教的指令就可以了，如果有執行過 cdk bootstap 此次部署就不用再執行一次直接執行 cdk deploy 就可以了！

```
$ cdk bootstap
⏳  Bootstrapping environment aws://888888888888/us-west-2...
☑  Environment aws://888888888888/us-west-2 bootstrapped (no changes).


$ cdk deploy
# 省略 IAM Statement Changes 敘述，出現 "Do you wish to deploy these
changes (y/n)?" 請輸入 y


☑   HelloCdkStack

Stack ARN:
arn:aws:cloudformation:us-west-2:888888888888:stack/
HelloCdkStack/31ee40f0-c48e-11eb-8e16-0abd4babf785
```

執行完部署後我們可以到 CloudFormation[3] 看一下部署結果，如圖 2-7 可以很清楚地看到 Stack Info 的 Stack ID 與剛剛執行完 cdk deploy 後吐出來的 Stack ARN 是一模一樣的，另外 Status 出現 "CREATE_COMPLETE" 代表部署成功。

---

3 https://us-west-2.console.aws.amazon.com/cloudformation

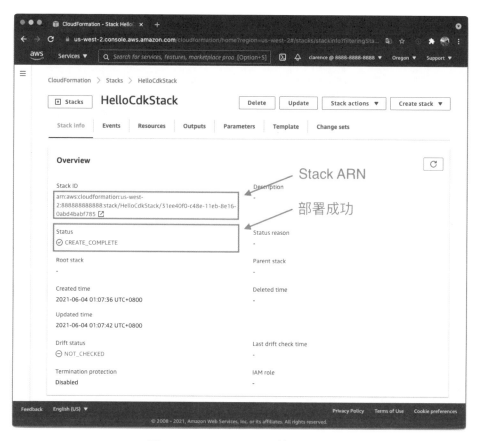

▲ 圖 2-7 CloudFormation 的 Stack Info

我們可以在 Events 看到所有 Resources 的部署狀況，此紀錄有助於發生問題的時候更容易理解問題發生的原因與修正方法。

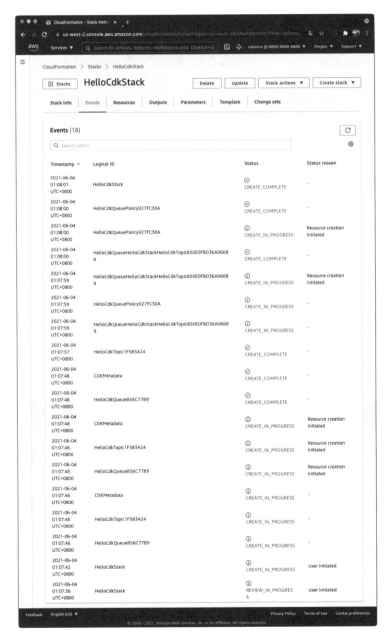

▲ 圖 2-8 CloudFormation 的 Events

在 Resources 可以看到 Stack 執行後，產生的所有資源 ID 以及狀態，而它們的邏輯 ID 其實是在 AWS CDK 生成 CloudFormation YAML 的時候就已經指定好的。

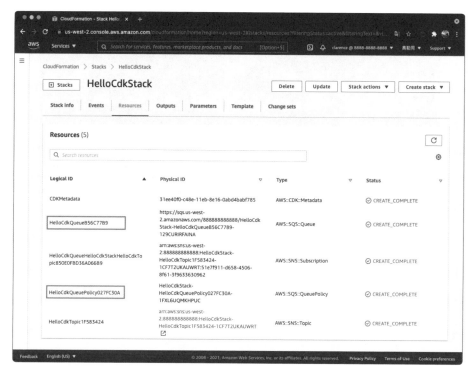

▲ 圖 2-9 CloudFormation 的 Resources

我們執行 cdk synth（如圖 2-10）看一下前兩個資源的名稱

- HelloCdkQueueB56C77B9
- HelloCdkQueuePolicy027FC30A

如圖 2-9 在 Resources 的 Logical ID 同樣可以看到它們兩個，而其他部分有興趣可以打開 YAML 把它們找出來比對一輪。

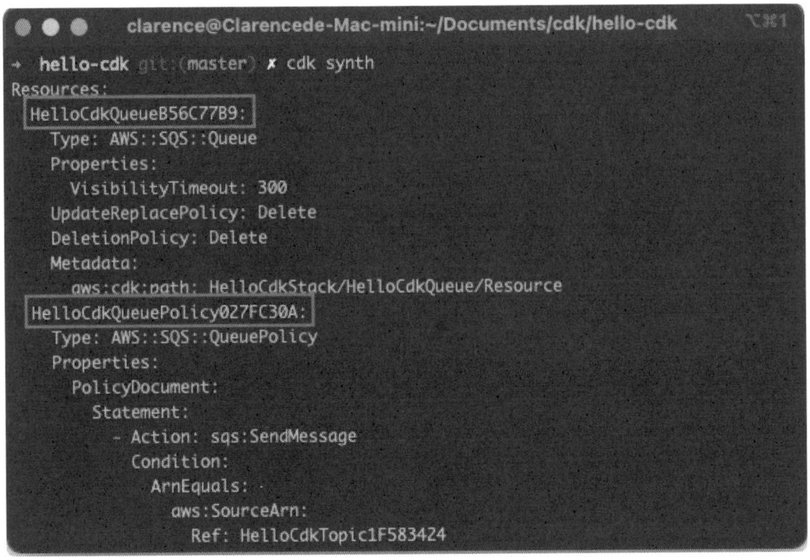

```
● ● ●          clarence@Clarencede-Mac-mini:~/Documents/cdk/hello-cdk          ⌥⌘1
→ hello-cdk git:(master) ✗ cdk synth
Resources:
  HelloCdkQueueB56C77B9:
    Type: AWS::SQS::Queue
    Properties:
      VisibilityTimeout: 300
    UpdateReplacePolicy: Delete
    DeletionPolicy: Delete
    Metadata:
      aws:cdk:path: HelloCdkStack/HelloCdkQueue/Resource
  HelloCdkQueuePolicy027FC30A:
    Type: AWS::SQS::QueuePolicy
    Properties:
      PolicyDocument:
        Statement:
          - Action: sqs:SendMessage
            Condition:
              ArnEquals: ·
                aws:SourceArn:
                  Ref: HelloCdkTopic1F583424
```

▲ 圖 2-10 AWS CDK 執行 synth 與 CloudFormation Resources 比對

CloudFormation 的 Template 其實就是 cdk synth 的結果，此章節就是圍繞在 AWS CDK 自動生成的 YAML 腳本，用它來解釋整個 AWS CDK 的運作過程。

▲ 圖 2-11 CloudFormation 的 Template

看著死板板的 YAML Template 覺得不舒服也可以使用（如圖 2-11）右上角的
"View in Designer" 來看看可視化模板資源會怎麼呈現 CloudFormation。

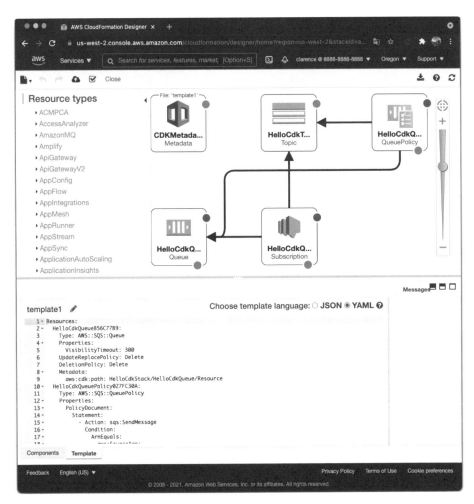

▲ 圖 2-12　CloudFormation Designer 呈現 sample-app

看完了 CloudFormation 後來看看 Amazon SQS[4] 吧！我們打開頁面後可以看到 Queues 有一個我們剛剛建立的 Amazon SQS 服務它的開頭會是 "HelloCdkStack-HelloCdkQueue" 打開後會出現如圖 2-13，我們可以在上方看到這個 Amazon SQS 的 ARN，而這個 ARN 也會在 Amazon SNS 的設定裡面看到它，也就表示了 Amazon SNS 與 Amazon SQS 的訂閱關係。

這邊的重點是要看 sample-app 有指定 visibilityTimeout 參數為 300 秒也就是 5 分鐘，可以在下方看到它是確實被正確設定的。

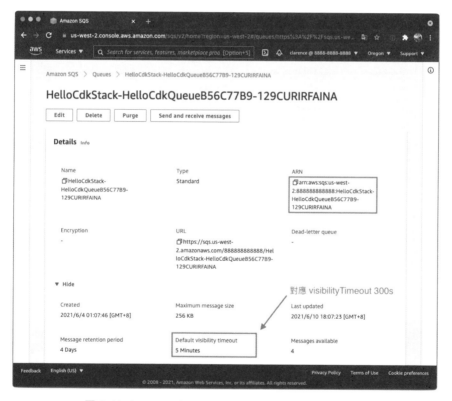

▲ 圖 2-13 Amazon SQS Default visibility timeout 為 300 s

---

4   https://us-west-2.console.aws.amazon.com/sqs

再來我們看到 Amazon SNS[5] 打開後可以找到開頭為 "HelloCdkStack-HelloCdkTopic" 的 Topic，進去後可以在下方看到此 SNS 的 Endpoint 為 SQS 的 ARN。

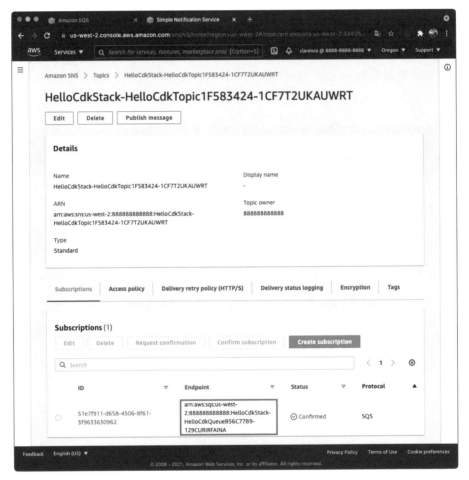

▲ 圖 2-14 Amazon SQS Topic 的訂閱狀態

5　https://us-west-2.console.aws.amazon.com/sns

2.3 簡易修改 AWS CDK sample-app

有了第一次使用 AWS CDK 的經驗後我們來討論幾個修改 AWS CDK 程式的方法吧！

2.3.1 移除設定值修改回預設

首先把 visibilityTimeout 移除，我們可以在提示裡面看到如果沒有設定 visibilityTimeout 它預設是 30 s，因此期待執行完部署可以在 Amazon SQS 看到 "Default visibility timeout" 被修改為 30 s。

▲ 圖 2-15 VS Code visibilityTimeout 提示

移除 sqs.Queue 的 props 修改成如下：

```
const queue = new sqs.Queue(this, 'HelloCdkQueue');
```

2.3.2 新增 Outputs

在前一節提到兩個要看 ARN 的地方，如果每次要看 ARN 都需要跑到 AWS Console 看未免也太麻煩，這邊來說明怎麼直接在 CDK 部署完成後顯示資源的 ARN。

在 CDK 部署後要顯示資料，我們最常使用的是 CDK core 裡面的 CfnOutput[6]，它會使用 CloudFormation 的 Output 功能讓它顯示在 Console 上。而因為我們要顯示 Queue 的 ARN 與 Topic 的 ARN，所以我們就在 sample-app 的 topic 訂閱後加入顯示 ARN 的程式吧！

```
// 以上省略
topic.addSubscription(new subs.SqsSubscription(queue));
new cdk.CfnOutput(this, 'QueueArn', {
  value: queue.queueArn
})
new cdk.CfnOutput(this, 'TopicArn', {
  value: topic.topicArn
})
```

2.3.3 執行修改過後的 CDK

程式都修改後先使用 cdk diff 來看看有什麼變更。可以在下方輸出結果裡面看到移除了 VisibilityTimeout 與新增兩個 Outputs，檢查確定後就可以執行 cdk deploy 了。

6　https://docs.aws.amazon.com/cdk/api/latest/docs/@aws-cdk_core.CfnOutput.html

```
$ cdk diff
Stack HelloCdkStack
Resources
[~] AWS::SQS::Queue HelloCdkQueue HelloCdkQueueB56C77B9
 └── [-] VisibilityTimeout
      └── 300

Outputs
[+] Output QueueArn QueueArn: {"Value":{"Fn::GetAtt":["HelloCdkQueueB56
C77B9","Arn"]}}
[+] Output TopicArn TopicArn: {"Value":{"Ref":"HelloCdkTopic1F583424"}}
```

執行完成後可以看到我們輸出多了 Outputs 並且印出我們想要的 QueueArn 與 TopicArn。

```
$ cdk deploy
# 中間省略

Outputs:
HelloCdkStack.QueueArn = arn:aws:sqs:us-west-2:888888888888:HelloCdkStack-
HelloCdkQueueB56C77B9-129CURIRFAINA
HelloCdkStack.TopicArn = arn:aws:sns:us-west-2:888888888888:HelloCdkStack-
HelloCdkTopic1F583424-1CF7T2UKAUWRT
# 以下省略
```

看完輸出後回到 AWS Console 的 Amazon SQS 可以看到 "Default visibility timeout" 確實有被修改為 30 s，而且 QueueArn 也是正確的。

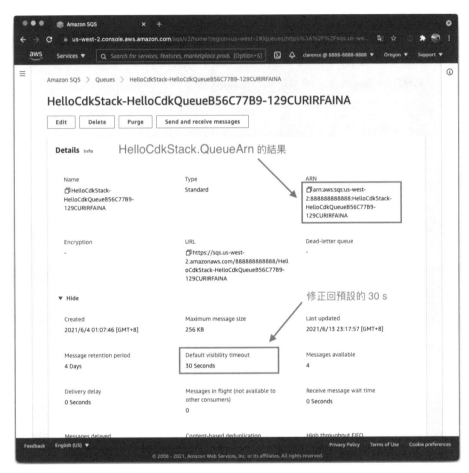

▲ 圖 2-16 Amazon SQS Default visibility timeout 為 30 s

再來看到 CloudFormation 的 Outputs 就可以理解我們剛剛 Console 輸出是怎麼實現的了！其實就是藉由 CloudFormation 執行完後的回傳值讓它顯示在 Console 上，就是這麼簡單！

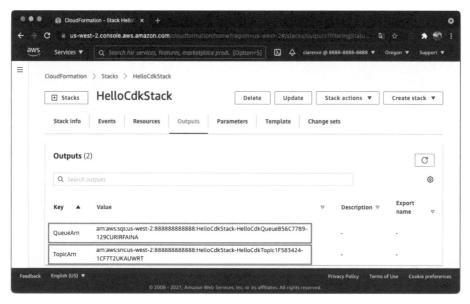

▲ 圖 2-17 Amazon CloudFormation 輸出 Outputs

2.4 移除整個 sample-app

基礎的 AWS CDK 教學到這邊差不多告一段落，不知道你有沒有理解 AWS CDK 怎麼使用，不管到這邊有沒有理解我們先來執行一次 **cdk destory** 來體驗 AWS CDK 怎麼把所有資源都移除乾淨的功能吧！

2.4.1 確定 CloudFormation 有看到 HelloCdkStack

在執行之前我們可以先到 CloudFormation Stacks 搜尋 HelloCdkStack，可以看到我們目前建立 sample-app 的 stack，而先這樣做的原因是我們要來比較執行前跟執行後 stack 會有什麼變化。

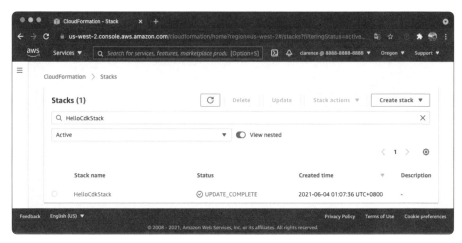

▲ 圖 2-18 Amazon CloudFormation 搜尋 HelloCdkStack 存在

2.4.2 確定 HelloCdkStack 消失在 CloudFormation

看到 HelloCdkStack 後趕緊來執行 cdk destory。

```
$ cdk destroy
Are you sure you want to delete: HelloCdkStack (y/n)? y
HelloCdkStack: destroying...
上午1:03:06 | DELETE_IN_PROGRESS   | AWS::CloudFormation::Stack |
HelloCdkStack
上午1:03:10 | DELETE_IN_PROGRESS   | AWS::SQS::Queue            |
HelloCdkQueue

 ☑  HelloCdkStack: destroyed
```

看到 destroyed 就代表 AWS CDK 已經把我們所有建立的資源通通移除了。那我們
趕緊重新整理一下剛剛搜尋 HelloCdkStack 的結果吧！

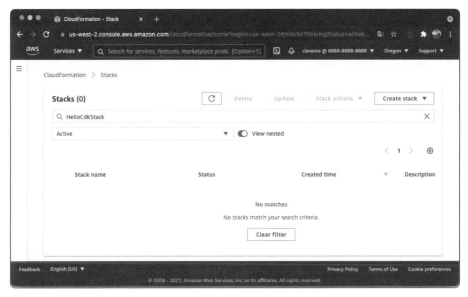

▲ 圖 2-19 Amazon CloudFormation 搜尋 HelloCdkStack 不存在

如此可以發現 HelloCdkStack 在我們執行完 **cdk destory** 後就完整的被移除了，是不是很神奇呢？而我們建立的 Amazon SQS 與 Amazon SNS 資源當然也同樣被移除了，不相信可以直接到 AWS Console 裡面去找它們。

2.5　本章小結

以上就是一個完整的 AWS CDK 從建立、修改到移除的開發過程，有了此章節的基本介紹後就可以在網路上使用任何的 AWS CDK 範本，不過玩完後別忘記要使用 **cdk destory** 把所有開過的資源都移除喔！不然等收到帳單才想到忘記移除就欲哭無淚了。下個章節會說明如何使用 AWS CDK 建立 Serverless 應用程式，是不是心動了呢？趕緊開始閱讀下一個章節吧！

03

使用 AWS CDK 部署 Serverless 應用程式

3.1 Serverless 介紹

在準備開始介紹之前先來跟大家談談什麼是 Serverless。

它又叫做無伺服器運算，有人會說它的意思是不是就是沒有伺服器呢？這個答案可以說是也可以說不是，怎麼說呢？

3.1.1 傳統的機房部署

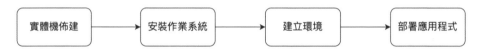

▲ 圖 3-1 傳統機房部署應用程式的流程

我們先來談談傳統的機房系統部署，在傳統機房伺服器架構裡面如果我們要建立一個服務，需要從實體機開始到安裝作業系統，之後建立環境才可以部署真正的核心服務。在這樣的架構下需要有人照顧實體機，如果實體機出問題或是系統出問題就要花很多的時間找問題然後修復它。

而 Serverless 就是要來解決這個問題的，那它究竟能幫我們什麼呢？我們再也不需要去照顧實體機器，也不用去管系統底層是什麼作業系統，這些都交給提供 Serverless 的服務商，它會幫我們搞定這一切，讓我們只需要專注在我們的核心服務本身。

所以才會說它就是**沒有伺服器**這個答案可以說是也可以說不是，因為它還是有伺服器跟作業系統的，只是我們再也不需要去管理它們，這些都交給專業的團隊去處理。

當然使用 Serverless 服務它的價位也會比較高，不過使用 Serverless 團隊就可以減少維運成本，對小團隊來說是一個不錯的選擇。

3.1.2 AWS 提供的 Serverless 服務有哪些

Amazon DynamoDB   Amazon API Gateway   AWS IAM   AWS KMS   AWS SQS   AWS SNS

AWS Lambda   Amazon S3   Amazon VPC   Amazon Route 53   Elastic Load Balancing   Amazon CloudFront

Amazon Kinesis   Amazon Cognito   Amazon CloudWatch   AWS Machine Learning

▲ 圖 3-2 常用的 AWS Serverless 服務

那在 AWS 有哪些 Serverless 服務？比較常用的如圖 3-2 所示，不過 AWS 提供的 Serverless 服務真的是太多了，所以只列出這本書會介紹到的幾個服務分別是 AWS Lambda、API Gateway、SQS、SNS 與 S3。來設想一下，如果我們想要用以上的服務簡單的建立一個系統，可以建立什麼系統呢？想到了嗎？答案是現在網頁服務不可或缺的 API Service！只需要使用 AWS Lambda 與 API Gateway 就可以達成，所以第三章就來帶你建立一個 API Service。

‖ 3.2　使用 AWS CDK 建立 API Service

在建構服務之前通常要先有一個系統架構圖，要先知道建構這個系統需要具備哪些服務，而它們又是怎麼串接的，再來是使用者取用服務會如何取得資料，這些地方都清楚就可以建構出一個穩定的系統。

第一步先處理 AWS Lambda，在這邊先使用 Inline 的方式處理，使用 inline 的限制是程式本身最大只能 4KiB。這邊需要注意一下，會先使用 inline 當範例是為了讓檔案比較單純在執行上也比較不會出錯，下一個小節會說明怎麼把 Lambda 的檔案分開。

第一隻 API 先來一個簡單的功能吧！先做出一個把 AWS Lambda 收到的資料全部直接吐出來的 API 吧！

簡單介紹一下此 Lambda 做了什麼：

1. 它會把收到的 event 使用 JSON.stringify 轉成文字送到 body
2. 放入 header 使用 application/json 讓瀏覽器知道目前的資料是 JSON 格式
3. 放入 HTTP 回傳值 200

```
const main = new lambda.Function(this, "lambda", {
  runtime: lambda.Runtime.NODEJS_12_X,
  handler: "index.handler",
  code: lambda.Code.fromInline(' \
    exports.handler = async function (event) { \
      return { \
        statusCode: 200, \
        headers: { "Content-Type": "application/json" }, \
        body: JSON.stringify(event), \
      }; \
    };')
});
```

有了 AWS Lambda 後下一步就是把 Amazon API Gateway 接上去囉！handler 設定上面 Lambda 的 main 就這麼簡單！

```
new apigw.LambdaRestApi(this, 'Endpoint', {
  handler: main
})
```

寫完後開始執行部署啦！這邊的重點是 ApiServiceStack 的網址，用它就可以直接測試了不需要再跑去看 AWS Console 呦！是不是超方便。

```
$ cdk deploy
# 中間省略

Outputs:
ApiServiceStack.Endpoint8024A810 = https://dhn5418n96.execute-api.us-
west-2.amazonaws.com/prod/
# 以下省略
```

趕緊開啟瀏覽器看看結果吧！看到很多資料是不是很興奮！！！

> **Tips** Chrome 加入 JSON Formatter 功能
>
> 圖 3-5 我的 Chrome 有裝 JSON Formatter 套件才有排版，如果有需要的也可以去安裝呦！在 Chrome 閱讀 JSON API 的時候可讀性會增加許多。

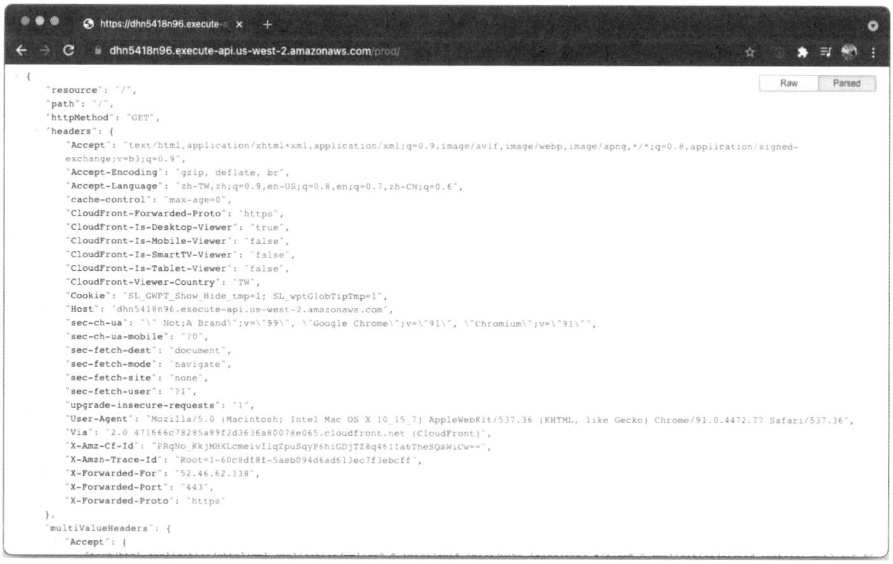

▲ 圖 3-5 API Service 使用 Chrome 開啟

3.2.2 修改 AWS CDK Lambda 讓 Lambda 程式使用獨立檔案

上一個範例我們把程式放在 inline 裡面可能有點霧煞煞，這邊把剛剛的 Lambda 程式獨立出來，先建立要放程式的資料夾與放 Lambda 程式的檔案。

```
$ mkdir resources && touch index.js
```

加入 index.js 因為是獨立檔案，所以就可以把 \ 換行字元移除了，然後再加入一個功能讓首頁出現 "Hello AWS CDK!"。

```
exports.handler = async function (event) {
    if (event.httpMethod === "GET") {
        if (event.path === "/") {
            return {
                statusCode: 200,
                headers: { "Content-Type": "application/json" },
                body: `{"name":"Hello AWS CDK!"}`
            };
        }
    }

    return {
        statusCode: 200,
        headers: { "Content-Type": "application/json" },
        body: JSON.stringify(event),
    };
};
```

回到 CDK Lib 修改一下剛剛的 CDK 程式把 code 改成如下：

```
code: lambda.Code.fromAsset("resources")
```

執行 cdk deploy 看看結果吧！

可以看到我們開啟 https://dhn5418n96.execute-api.us-west-2.amazonaws.com/prod/
原本吐出很長的 JSON 資料現在變成 "Hello AWS CDK!" 了，而我們開啟 https://
dhn5418n96.execute-api.us-west-2.amazonaws.com/prod/hello 會出現與原本一樣的
內容。

▲ 圖 3-6　API Service 使用 Chrome 開啟 Hello AWS CDK API

3.2.3　處理 AWS CDK API Gateway 限定進入 Lambda 的 API Path

用了上述的方法會變成每一個 API 都可以戳到 Lambda 的狀態，相信這不是平常
在使用上的常態，而且這樣每一個 Lambda 都會需要支付費用，如果 API 不小心
寫錯造成系統問題就不好了，因此這邊來說明怎麼對 API 做限制，只有特定的
API Path 與 Method 才讓它可以連到 Lambda。

修改 LambdaRestApi 加入 proxy: false，如此 API Gateway 就會變成不是 proxy 狀
態，為了與前一個範例功能一致我們指定 root Path 的 Method 與 hello Path 的
Method 改動如下：

```
const api = new apigw.LambdaRestApi(this, 'Endpoint', {
  handler: main,
  proxy: false
})

const root = api.root;
root.addMethod('GET')

const hello = api.root.addResource('hello');
hello.addMethod('GET');
```

修改後執行 cdk deploy 這次會看到比較多的 IAM 改動，不過用了 AWS CDK 看過就直接給它確定下去吧！

執行完我們可以看到原本的 https://dhn5418n96.execute-api.us-west-2.amazonaws.com/prod/ 與 https://dhn5418n96.execute-api.us-west-2.amazonaws.com/prod/hello 都是正常的，而隨便開啟一個網址例如 https://dhn5418n96.execute-api.us-west-2.amazonaws.com/prod/aws 就會出現 "Missing Authentication Token"

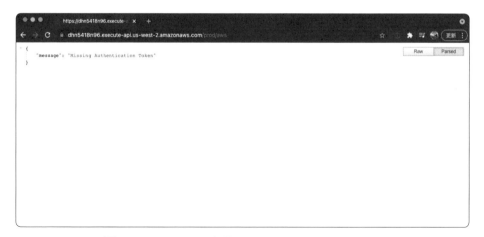

▲ 圖 3-7 API Service 出現 Missing Authentication Token

3.2.4 修改 AWS CDK API Gateway 讓每個 API 程式使用獨立檔案

説完了 Lambda 使用獨立檔案，相信在實際上想大量使用 API Gateway 來完成系統的需求下還是不太夠，在實際使用上把所有邏輯都集中在同一個檔案可讀性也不太高，所以以下就來説明如何把每一個 API 分別拆成不同檔案。

首先修改一下程式把原本使用的 Construct LambdaRestApi 改成使用 RestApi，基本上使用方法大同小異。

```
const api = new apigw.RestApi(this, "Endpoint");
```

修改 index.js，把原本寫在一起的路由跟邏輯獨立，簡單讓它輸出 "Hello AWS CDK!"，讓 Lambda 不用再處理路由只保留邏輯跟內容。

```
exports.handler = async function (event) {
    return {
        statusCode: 200,
        headers: { "Content-Type": "application/json" },
        body: `{"name":"Hello AWS CDK!"}`
    };
};
```

再來修改一下把 "/" 目錄的 GET API 指定到上一個 Lambda 檔案，如此原本的 "Hello AWS CDK!" API 就完成了，而且路由的部分也獨立出來給 API Gateway 處理，整個邏輯變得更乾淨。

```
const main = new lambda.Function(this, "lambda", {
  runtime: lambda.Runtime.NODEJS_12_X,
  handler: "index.handler",
  code: lambda.Code.fromAsset("resources")
```

```
});
const getIntegration = new apigw.LambdaIntegration(main);
api.root.addMethod("GET", getIntegration);
```

然後我們新增一個檔案 hello.js 一樣把它放在 resources 資料夾裡面，補上原本吐出 event 的 API 實作。

```
exports.handler = async function (event) {
    return {
        statusCode: 200,
        headers: { "Content-Type": "application/json" },
        body: JSON.stringify(event),
    };
};
```

接下來把 hello 的 API 指定進去，這邊要注意一下因為我們希望它的網址是在 "/" 目錄下面，因此我們先把 api.root.addResource('hello') 拉出來做一個獨立變數，這樣可以方便後面加入更下層的 API 或是新增更多的 HTTP Method，讓整個路由部分看起來更簡單易懂，一看就可以知道目前的路由是怎麼處理的。

```
const helloHandler = new lambda.Function(this, "helloLambda", {
  runtime: lambda.Runtime.NODEJS_12_X,
  handler: "hello.handler",
  code: lambda.Code.fromAsset("resources")
});
const getHelloIntegration = new apigw.LambdaIntegration(helloHandler);
const hello = api.root.addResource('hello');
hello.addMethod('GET', getHelloIntegration);
```

如此就完成把 API 獨立切檔的功能了。現在假設我們有一個新的需求是要把某個 Path 做代理（Proxy）那我們就可以使用 HttpIntegration 來幫助我們完成這個功能，假設我們想把 "/example" 代理到 https://example.com 就可以使用如下方法。

```
const aws = api.root.addResource('example');
aws.addMethod('GET', new apigw.HttpIntegration('https://example.com/'));
```

修改後執行 cdk deploy，看到滿滿的 IAM 改變不要害怕把它按下去！

跑完之後，我們檢查 https://dhn5418n96.execute-api.us-west-2.amazonaws.com/
prod/ 與 https://dhn5418n96.execute-api.us-west-2.amazonaws.com/prod/hello 可
以看到功能是一樣的，再來測試一下 https://dhn5418n96.execute-api.us-west-2.
amazonaws.com/prod/example 看到如下的網站，可以發現網址是我們的網址不過
網站卻是 https://example.com，如此就完成了網站代理功能。

▲ 圖 3-8 API Service 網址代理

3.3 使用 AWS CDK 建立 API Service 支援自訂網域

寫了這麼多的 API Gateway 沒有讓 API Service 有自己的網域怎麼行,所以這章就來教怎麼樣讓 API Service 掛上自己的網址。

要讓 API Gateway 掛上自己的網址需要先擁有自己的網址,這個網址可以直接到網域商購買或是使用自己已經擁有的網址。**本書在網域上會直接使用 cdk.clarence.tw 當網域名稱範例**,假設我已經有一個網域叫 example.com 也就可以做出一個 cdk.example.com 的網域出來完成後面的實作。

為了方便實作本書使用的 DNS 伺服器為 Amazon Route 53,如此在串接上會比較容易也是一個比較推薦的做法。當然在實際使用上要讓 API Gateway 支援自訂網域是可以選用各式各樣的 DNS 伺服器的,不過本書為了給予讀者最大的自動化體驗,在實作上只有介紹 Amazon Route 53 的部分。

有了 DNS 伺服器之後還需要一個很重要的服務是 AWS Certificate Manager,需要有 SSL/TLS 憑證才可以讓 API Service 支援安全連線。在平常如果需要 SSL/TLS 憑證我們需要先跟憑證廠商購買憑證或是使用 Let's Encrypt 產生的免費憑證,可是在 AWS 上面部署服務這些事情都不用做,只要跟 AWS 證明你是某個網址的擁有者就可以取得此網址的憑證了,非常的方便好用!

前面說明完如何讓 API Gateway 支援自訂網域,再來我們來看看這次的架構圖,在架構裡面我增加了 Amazon Route 53 的服務,使用者使用 API Gateway 服務之前會先去 Amazon Route 53 詢問 API Gateway 的 IP,之後再來使用 API Service。

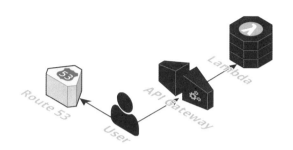

▲ 圖 3-9 建立 API Service 使用 API Gateway 與 Lambda 並支援自訂網域

要讓 API Gateway 可以支援自訂網域有蠻多流程需要處理的，但使用 AWS CDK 後除了必須要手動設定的 Route 53 NS 紀錄之外，其他步驟都可以自動化處理，再也不用處理繁瑣設定了。所以我們來看一下有哪些步驟需要處理，並且把它寫到 CDK 裡面吧！

1. Route 53 建立 hosted zone。
2. 到網域註冊商的 NS 紀錄設定 Route 53 的 NS 紀錄（需手動到網域商設定 NS 紀錄）。
3. Certificate Manager 建立憑證。
4. Route 53 設定 Certificate Manager 需要的 CNMAE 紀錄。
5. 確定 Certificate Manager 授權成功。
6. API Gateway 設定自定義網址與 ACM。
7. Route 53 設定對應 A 紀錄。

這邊要使用 AWS Route 53 與 AWS Certificate Manager，所以需要先安裝兩個套件 @aws-cdk/aws-route53 與 @aws-cdk/aws-certificatemanager，而後面因為需要對 Route 53 設定 A 紀錄，所以還要安裝一個 @aws-cdk/aws-route53-targets 用來取得 API Gateway 的位置，拿來設定 Route 53。

```
npm install @aws-cdk/aws-route53 @aws-cdk/aws-route53-targets @aws-cdk/
aws-certificatemanager
```

安裝後把要 import 進去的 module 放進去。

```
import * as route53 from '@aws-cdk/aws-route53';
import * as targets from '@aws-cdk/aws-route53-targets';
import * as acm from "@aws-cdk/aws-certificatemanager";
```

如上面所説我們第一步需要新增一個 Route 53 的 zone 來放我們的網域，而 domainName 的變數是後面要用來指定給 API Gateway 所使用的。

```
const domainName = 'apigateway.cdk.clarence.tw'
const zone = new route53.PublicHostedZone(this, 'HostedZone', {
  zoneName: 'cdk.clarence.tw'
});
```

再來需要新增一個 ACM 用來放憑證，在這邊我們可以使用如這個範例所寫的 "*.cdk.clarence.tw" 萬用字元憑證（Wildcard SSL）或是直接使用 "apigateway.cdk.clarence.tw" 單網域名稱憑證。使用 Wildcard SSL 的好處是後面的服務可以重複使用這張憑證，不需要另外再申請，不過 CDK 這部分是自動化的，因此就看我們想要給網站使用什麼樣的憑證了。

```
const certificate = new acm.Certificate(this, "Certificate", {
  domainName: "*.cdk.clarence.tw",
  validation: acm.CertificateValidation.fromDns(zone),
});
```

需要在原本的 RestApi 新增參數，用於指定我們的 domainName 與 certificate。與上一個範例的差別只有這個地方不同而已，其他地方都是新增的，這部分可能要注意一下。

```
const api = new apigw.RestApi(this, "Endpoint", {
  domainName: {
    domainName,
```

```
    certificate,
  },
});
```

要新增 API Gateway DNS 紀錄的方法有兩種：

1. 使用其他廠商的 DNS Server 不是使用 Route 53 就在自訂網域設定一個
   CNAME 記錄到 API Gateway 的網域上面：

名稱	TTL	記錄類型	目的位置
apigateway	300	CNAME	d-6vbswb9rr3.execute-api.us-west-2.amazonaws.com

---

Tips Route 53 設置 API Gateway CNAME 紀錄

想要體驗使用 AWS CDK 設置 API Gateway CNAME 紀錄到 Route 53 可以使用
以下的程式來達成，設定完成就會在 Route 53 看到它的紀錄是一筆 CNAME
而不是 A 紀錄了，不過這邊要注意不可以把 **CNAME** 紀錄跟 **A** 紀錄都寫進
去，它們是會衝突的切記！

```
new route53.CnameRecord(this, 'DomainCnameRecord', {
  recordName: domainName,
  zone,
  domainName: api.domainName?.domainNameAliasDomainName!
});
```

---

2. 使用了 Route 53 就可以把 A 紀錄直接使用 Alias 的方法指定到網域上面，設
   定方法如下：

```
new route53.ARecord(this, 'DomainARecord', {
  recordName: domainName,
  zone,
```

```
target: route53.RecordTarget.fromAlias(new targets.ApiGateway(api))
});
```

印出指定的網域網址方便測試。

```
new cdk.CfnOutput(this, 'DomainName', {
  value: `https://${domainName}`
})
```

以上就是這次的修改，修改後執行 **cdk deploy**。開始後我們就可以先到 Route 53 的 Hosted zones 頁面 [4] 等待 Hosted Zone 被建立，因為這次的修改有一個步驟需要手動，在看到 Hosted Zone 被創立後就可以開始動作了。

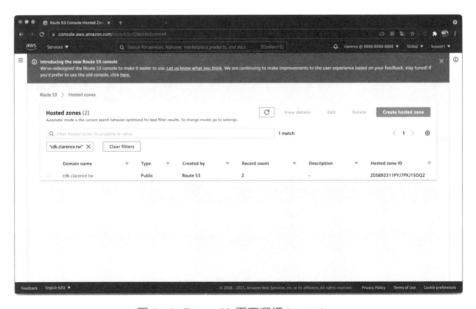

▲ 圖 3-10 Route 53 頁面選擇 hosted zone

---

4 https://console.aws.amazon.com/route53/v2/hostedzones#

在跑的過程可能需要等待一些時間，等建立成功就會看到如圖 3-10 cdk.clarence.
tw 被建立了，建立後點選就會看到如圖 3-11。我們需要紀錄這四個 NS 紀錄，此
範例是 "ns-187.awsdns-23.com."、"ns-1932.awsdns-49.co.uk."、"ns-723.awsdns-26.
net." 與 "ns-1067.awsdns-05.org."。

> **注意！**
> . . . .
> 在 AWS 裡面有非常多的 NS 網址，在建立的時候一定要打開頁面看自己的
> NS 在哪裡。如果有移除重新建立 Zone 的情況 NS 也會不一樣，切記在測試
> 的時候不要偷懶，不然 DNS 功能可能會不正常，這邊要注意！

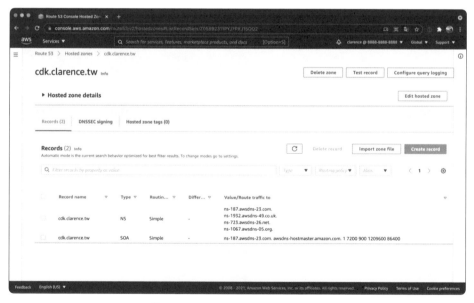

▲ 圖 3-11 Route 53 頁面取得 NS 紀錄

記錄好 NS 之後到網域註冊商設定 NS 紀錄，而作者平常是使用 CloudFlare 當自
己常用的 DNS 伺服器，因此使用 CloudFlare 做範例來講解。

> **Tips** NS 設定位置在網域註冊商網站可以找到它
>
> 如果你是使用新買的網域來做這個範例,通常可以在網域註冊商的網站找到一個獨立頁面,填寫這個網域的 NS 紀錄。

將剛剛拿到的 4 條 NS 紀錄設定進去,順序不重要但是 4 條都要設定進去。

▲ 圖 3-12 CloudFlare 設定 NS 紀錄

設定完成 NS 後,我們可以到 Certificate Manager 的頁面看一下目前憑證的狀態。點開圖 3-13 的框選部分,原本要手動設定到 Route 53 的 DNS 紀錄 CDK 已經自動幫我們設定過去了,如果好奇這邊是要設定什麼資料可以點選 "Export DNS configuration to a file" 看看需要什麼資料。憑證狀態有可能是等待中或是已經完成這需要看 DNS 的狀態可能有快有慢,如果狀態不是 "Issued" 先等它一下,不過這邊的設定都是自動的,所以可以先不要理它進到下一個步驟晚點再回來看看它的狀態。

▲ 圖 3-13 Certificate Manager 憑證申請狀態為 Issued

看完 Certificate Manager 後回到 Route 53 頁面，可以看到如圖 3-14 框框處的
CNAME 紀錄是申請 Certificate Manager 所需要的紀錄已經確實地設定完成。

▲ 圖 3-14 Route 53 以自動設定 Certificate Manager 所需的 CNAME 紀錄

看完之後我們到 API Gateway 的 Custom domain names 頁面（如圖 3-15）可以看到我們指定的 apigateway.cdk.clarence.tw 已經設定完成了，而它的 domain name 是 d-6vbswb9rr3.execute-api.us-west-2.amazonaws.com。

▲ 圖 3-15 API Gateway 設定 Custom domain name

再來回到 Route 53 頁面（如圖 3-16）可以看到我們的 apigateway.cdk.clarence.tw 與 d-6vbswb9rr3.execute-api.us-west-2.amazonaws.com A 紀錄對應已經設定完成。

▲ 圖 3-16 Route 53 d-6vbswb9rr3.execute-api.us-west-2.amazonaws.
com 與 apigateway.cdk.clarence.tw A 紀錄設定完成

再來就可以打開我們期待已久的自訂網域網址，可以看到原本的 API 功能是正常
的！

▲ 圖 3-17 API Service 正常使用自訂網域瀏覽成功

3.4　本章小結

以上就是本章節介紹的 AWS Lambda　與 Amazon API Gateway 整合，在 Amazon API Gateway 與 AWS CDK 的自動部署上有非常多好玩的組合可以使用，如果有興趣可以直接到 AWS CDK 文件上面看看有哪些好玩的，本書因為篇幅關係沒有介紹太多，剩下的部分就由讀者自行去尋找了！

介紹完 API 的撰寫後相信還是缺少了一點東西，我想是前端的網頁吧！因此下一章就來介紹靜態網頁伺服器部署，有了靜態網頁伺服器與 API Server 就可以製作出一個完整的網頁系統了，所以趕緊翻開下一頁來看看怎麼部署靜態網頁伺服器吧！

本段落範例程式碼：

https://github.com/clarencetw/api-service

04
Chapter

使用 AWS CDK
部署靜態網站

4.1 靜態網頁與動態網頁的區分

一般網頁可區分為靜態網頁與動態網頁，而靜態網頁代表的是網頁只有使用 HTML、CSS 與 JavaScript，網頁呈現是依靠瀏覽器去取得靜態檔案，下載後瀏覽器會依照不同的檔案類型執行相對應的動作，顯示到使用者的頁面上，網站伺服器並不會介入做任何的運算。而動態網頁與靜態網頁的不同之處在於網站伺服器需要在使用者取得網頁的時候做運算，因此可以做到更多的互動。

現在的靜態網頁配合 API 伺服器是可以做到以前動態網頁才能做到的功能，因此部署靜態網站的需求也是越來越多，此章節就來說明怎麼部署靜態網站。

4.2 使用 AWS CDK 建立靜態網頁服務

在 AWS 上面最簡單、最省錢部署靜態網站的方法，不是使用虛擬機架設常見的 Nginx[1] 或 Apache[2]，而是使用 Amazon S3 直接開啟 "Static website hosting" 的功能提供服務，但在 AWS Console 上面直接使用此功能也需要點好幾下。因此，本章節就來說明如何使用 AWS CDK 部署靜態網頁，如此就可以達到自動化部署需求啦！

在開始之前我們一樣先來看一下整個系統架構，以目前的需求來說非常簡單，就是一個使用者與 Amazon S3 服務，而 S3 Bucket 裡面存放靜態網頁檔案提供使用者瀏覽器下載檔案，但其實裡面除了網頁檔案之外也可以存放圖片拿來當網站圖床使用，也是一個相對便宜的架構。

1　https://www.nginx.com/

2　https://httpd.apache.org/

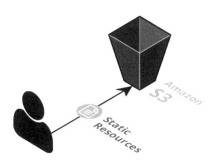

▲ 圖 4-1 使用 Amazon S3 架設靜態網頁伺服器

首先建立一個資料夾並且建立 CDK 專案，持續對這個專案做修正，讓它提供更完整的服務。

```
mkdir cdk-static-site && cd cdk-static-site
```

安裝必要 AWS CDK Library。

```
npm install @aws-cdk/aws-{s3,s3-deployment}
```

安裝必要的套件 "aws-s3" 用於創建 S3 Bucket，而 "aws-s3-deployment" 用於開啟 "Static website hosting" 以及上傳本地檔案功能。

```
import * as s3 from '@aws-cdk/aws-s3';
import * as s3deploy from '@aws-cdk/aws-s3-deployment';
```

首先我們需要建立一個 S3 Bucket，用來存放靜態網站原始碼，並且指定網頁的 index 檔案名稱，通常使用 index.html 不用去動它。

由於在測試使用下常會需要用到 **cdk destroy** 去移除整個 stack，但在 S3 預設的部署方法是沒有辦法完整移除的，所以加入以下兩行程式：

- removalPolicy: cdk.RemovalPolicy.DESTROY
- autoDeleteObjects: true

以上兩行程式會讓 CDK 在執行 **cdk destroy** 的時候先去移除 Bucket 裡面的資料，等資料都移除完全後再移除 Bucket 把整個 Bucket 移除乾淨方便測試。而在正式環境中看需求決定是否加入以上兩行程式，否則若不小心執行了 **cdk destroy** 所有的檔案都救不回來。

```
const destinationBucket = new s3.Bucket(this, 'WebsiteBucket', {
  websiteIndexDocument: 'index.html',
  publicReadAccess: true,
  removalPolicy: cdk.RemovalPolicy.DESTROY,
  autoDeleteObjects: true,
});
```

設定 "Static website hosting" 使用 Construct BucketDeployment，並使用它上傳靜態網頁，靜態網頁通常是一整包的程式，可能是 zip 壓縮檔或是資料夾。在 CDK 上如果是 zip 檔可以直接使用 s3deploy.Source.asset('/path/to/local/file.zip') 上傳，如果是資料夾就跟範例一樣先建一個 website 資料夾提供檔案存放，原理與「3.2.4 修改 AWS CDK API Gateway 讓每個 API 程式使用獨立檔案」存放 Lambda 原始碼的原理相同，只要把檔案放入資料夾 AWS CDK 就會自動打包上傳，對於整個網頁上傳的需求來說是非常的方便。

在 S3 的檔案設定上有非常多的 Metadata 可以設定包含：

- cache-control
- content-disposition
- content-encoding
- content-language
- content-type
- expires
- server-side-encryption
- storage-class

- website-redirect-location
- ssekms-key-id
- sse-customer-algorithm

在 CDK 上也都是直接支援的，而我們使用 cache-control 設定禁止快取[3]（Cache-Control）當範例，方便重複部署的時候不會因為快取而誤以為檔案沒有更新到。

在實際使用上我們更新網頁檔案可能會有兩種需求：

- S3 Bucket 所有檔案保留
- S3 Bucket 裏面的檔案結構與我們要上傳上去的檔案結構一模一樣此需求就需要用到 prune 參數，如果設定 false 檔案就不會移除，也就是說檔案會保留。

```
new s3deploy.BucketDeployment(this, 'HTMLBucketDeployment', {
  sources: [s3deploy.Source.asset('./website')],
  destinationBucket,
  cacheControl: [s3deploy.CacheControl.fromString('no-store, max-age=0')],
  prune: true,
});


new cdk.CfnOutput(this, 'bucketWebsiteUrl', {
  value: destinationBucket.bucketWebsiteUrl
})
```

在 website 資料夾放入一個簡單的 index.html 網頁來當測試網頁

```
<!DOCTYPE html>
<html>
  <head>
```

3　https://developer.mozilla.org/zh-TW/docs/Web/HTTP/Headers/Cache-Control

```
    <meta charset="utf-8" />
    <title>Hello CDK!</title>
  </head>
  <body>
    <p>使用 CDK 製作最簡單的 Web Server!</p>
  </body>
</html>
```

寫完後執行 cdk deploy，這次一樣會有大量的 IAM 更新，按下 y 來看看結果！

在範例上有印出 bucketWebsiteUrl，因此我們可以直接開啟它看看結果。

```
$ cdk deploy
# 中間省略

Outputs:
CdkStaticSiteStack.bucketWebsiteUrl = http://cdkstaticsitestack-
websitebucket75c24d94-1bfmdd5cgjkfo.s3-website-us-west-2.amazonaws.com
# 以下省略
```

開啟 http://cdkstaticsitestack-websitebucket75c24d94-1bfmdd5cgjkfo.s3-website-us-west-2.amazonaws.com 可以看到我們剛剛寫的網頁正常運作，基本上就是一個完整的部署了，不過我們再觀察一下 S3 的檔案。

▲ 圖 4-2　瀏覽 S3 部署的靜態網頁

打開 Amazon S3 可以看到有一個 Bucket 跟上面的 URL 名稱一樣叫做 cdkstaticsitestack-websitebucket75c24d94-1bfmdd5cgjkfo，裡面放了與 website 資料夾一樣的檔案。

▲ 圖 4-3　Amazon S3 含有與 website 資料夾相同的檔案

點選 index.html 後可以看到它設定了 Cache-Control 的 Metadata。

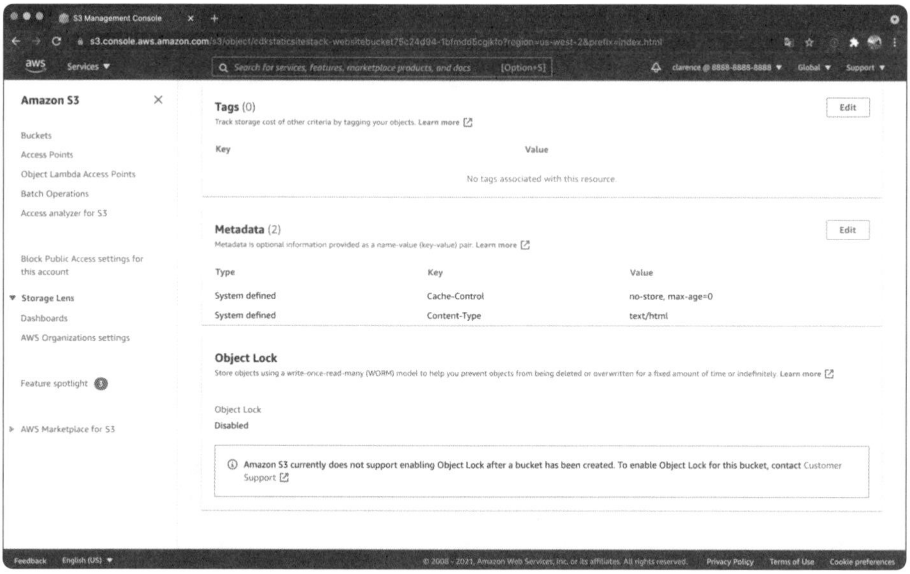

▲ 圖 4-4 點選 index.html 可以看到檔案設定了 Cache-Control 的 Metadata

4.3 使用 AWS CDK 建立靜態網頁服務並設定 CloudFront 與自訂網域

說明完如何使用 Amazon S3 架設靜態網站，如果只是一般使用或是測試運用來說基本上應該夠了，不過在實際使用上我們會幫它做更多的設定。考量到速度與使用者體驗，會在前端搭建 Amazon CloudFront CDN 讓使用者直接取用 CDN 的快取檔案，而網址也會使用自訂網域讓整體的觀感更好與產品有一致化，而網址的部分同樣使用 Route 53 來設定網址，因此此章節就來說明如何把上一個章節的 Amazon S3 與 Amazon CloudFront 做整合，而整個架構圖如圖 4-5：

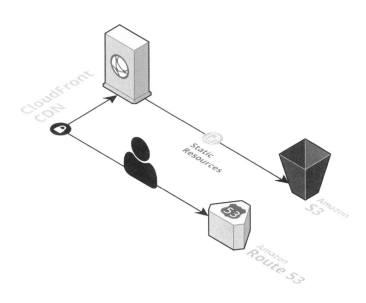

▲ 圖 4-5 Amazon S3 搭配 Amazon CloudFront 與 Route 53

安裝此次要使用的 AWS CDK Library。

```
npm install @aws-cdk/aws-{ cloudfront, cloudfront-origins , route53,
route53-targets, aws-certificatemanager }
```

安裝必要的套件：

- aws-cloudfront 用於設定 CloudFront
- cloudfront-origins 用於 S3 介接 CloudFront
- aws-route53-targets 用於取得 CloudFront 的位置設定到 Route 53 上

```
import * as cloudfront from '@aws-cdk/aws-cloudfront';
import * as origins from '@aws-cdk/aws-cloudfront-origins';
import * as route53 from '@aws-cdk/aws-route53';
import * as targets from '@aws-cdk/aws-route53-targets';
import * as acm from '@aws-cdk/aws-certificatemanager';
```

首先我們設定一個 Domain static.cdk.clarence.tw，接著與上個章節一樣創建 Route 53 並且設定 Domain 為 cdk.clarence.tw。

> **Tips** 解決 Route 53 衝突問題
>
> 如果上個章節已經創建過 Route 53 那在創建時會發生衝突，這邊有兩種解決方法：
>
> - 先使用 cdk destroy 把上個章節的範例移除。
> - 修改一下程式，用 zoneName 與 hostedZoneId 取得舊的 hostedZone，如此就可以沿用上一個章節創建的 Route 53 Domain 了。在一般使用上通常會使用此方法，因為我們只會創建一次 Route 53，其他的 Record 會一直新增下去。
>
> ```
> const hostedZone = HostedZone.fromHostedZoneAttributes(this, 'MyZone', {
>   zoneName: 'cdk.clarence.tw',
>   hostedZoneId: 'ZOJJZC49E0EPZ',
> });
> ```

```
const domainName = 'static.cdk.clarence.tw'
const hostedZone = new route53.PublicHostedZone(this, 'HostedZone', {
  zoneName: 'cdk.clarence.tw'
});
```

設定完後我們一樣需要創建新的 AWS Certificate Manager 給 static.cdk.clarence.tw 好讓 CloudFront 的 HTTPS 有憑證，這邊有一點要注意使用 CloudFront 憑證一定要放在 us-east-1，因此我們使用 DnsValidatedCertificate 來指定 region。

```
const certificate = new acm.DnsValidatedCertificate(this,
  'CrossRegionCertificate',
```

```
  {
    domainName,
    hostedZone,
    region: 'us-east-1',
  }
);
```

創建好後我們需要設定 S3 Bucket 與 CloudFront 的關聯，並且指定 domainNames 與 certificate。

```
const cloudfrontTarget = new cloudfront.Distribution(this,
  'Distribution',
  {
    defaultBehavior: { origin: new origins.S3Origin(destinationBucket) },
    domainNames: [domainName],
    certificate,
  }
);
```

設定後有了 CloudFront 的位置就可以使用 CloudFrontTarget 取得 CloudFront 位置再使用 Alias 的方法放入 Route 53 建立 A 紀錄。

```
new route53.ARecord(this, 'DomainARecord', {
  recordName: domainName,
  zone: hostedZone,
  target: route53.RecordTarget.fromAlias(
    new targets.CloudFrontTarget(cloudfrontTarget)
  )
});
new cdk.CfnOutput(this, 'DomainName', {
  value: `https://${domainName}`
})
```

寫完後執行 cdk deploy 這次一樣會有大量的 IAM 更新，按下 y 來看看結果！

這次可以看到兩個網址分別是 DomainName 與 bucketWebsiteUrl 都可以看到網頁。

```
$ cdk deploy
# 中間省略

Outputs:
CdkStaticSiteStack.DomainName = https://static.cdk.clarence.tw
CdkStaticSiteStack.bucketWebsiteUrl = http://cdkstaticsitestack-
websitebucket75c24d94-1bfmdd5cgjkfo.s3-website-us-west-2.amazonaws.com
# 以下省略
```

可以通過 CloudFront 看到 S3 網頁可以正常開啟。

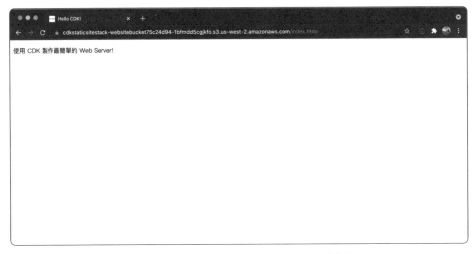

▲ 圖 4-6 開啟 Amazon CloudFront 網頁

使用自訂網域開啟 CloudFront 網頁也是可以正常使用的。

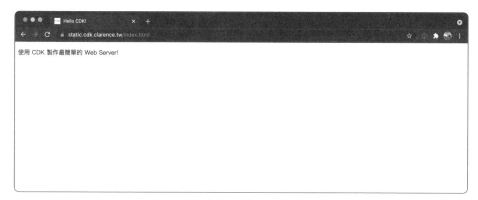

▲ 圖 4-7　開啟 Amazon　CloudFront 使用自訂網址

再來我們到 AWS Console 可以看到 AWS Certificate Manager 在 N. Virginia 有一張 static.cdk.clarence.tw 是給 CloudFront 使用的。

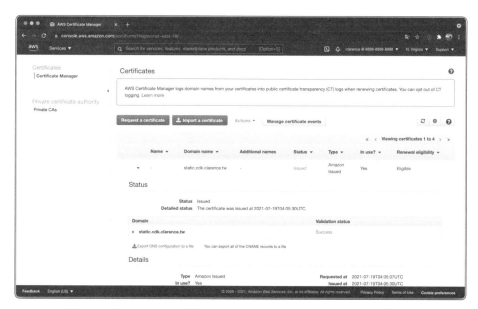

▲ 圖 4-8　在 N. Virginia 的 AWS Certificate Manager 可以看到 static. cdk.clarence.tw 的憑證

‖ 4.4 本章小結

第四章介紹了，如何使用 AWS S3 建立一個靜態網站伺服器，之後進一步使用 AWS CloudFront 使我們的網站支援了 CDN 與自定義網址，基本上只要有以上的技能對於只是需要自己架設小網站的使用者來說已經相當夠了，如果不夠用只要再搭配第三章的 Amazon API Gateway 與一些前端網站技術如 Vue.js 或是 React.js 就可以做出一個完整的網站了。不過我想還是有讀者會覺得以前都是自己一步一步的手動架設虛擬機然後架設網站伺服器與設定系統，那使用 AWS CDK 是不是也可以做到呢？那你就應該趕緊翻入下一章，下一個章節就由我來繼續教你如何使用 AWS CDK 創建 AWS EC2。

本段落範例程式碼：

https://github.com/clarencetw/cdk-static-site

05

使用 AWS CDK 部署
可自動擴展的 LAMP
伺服器叢集

5.1 Amazon EC2 執行個體

AWS EC2 基本上是一個原本有在租虛擬機的使用者最愛用的服務，因為它其實就跟普通虛擬機服務商承租虛擬機一樣，不過它更穩定而且有更多附加服務可以使用。

5.2 Amazon VPC

在介紹如何使用 AWS CDK 創建 EC2 之前，我們需要先說明一下 AWS VPC。在 AWS 實作上會把 EC2 放在 VPC 裏面，在這個被邏輯隔離的虛擬網路中我們可以完全整握這個網路環境，包含 IP 位置、Subnet 或是路由等等。

5.2.1 使用 AWS CDK 定義 Amazon VPC

用過 AWS 的讀者可能對於 VPC 設定也不是太了解，因此在 CDK 裏面本身就有定義一個預設的 VPC 架構，我們可以直接使用這個架設，基本上它是一個最安全的基礎架構。

5.2.1.1 預設的 AWS CDK Amazon VPC 定義

只要使用如下的方法就可以得到一個預設的 VPC 設定。

```
import * as ec2 from '@aws-cdk/aws-ec2';

const vpc = new ec2.Vpc(this, 'VPC');
```

預設的 VPC 會得到：

- CIDR 為 10.0.0.0/16 的 Subnet
  - Subnet 分別會有 Public 與 Private 兩種類型：
    - Public（開放 Subnet）：Public Subnet 直接連接 Internet 希望可以直接取得 Public IP 的機器放在此 Subnet
    - Private（私人 Subnet）：無法直接使用 Internet 因此預設會在每個 Subnet 創建一個 NAT Gateway 讓機器可以經過 NAT Gateway 出外網
- Available Zone 為 3 的 AZ
- NAT gateway 每個 AZ 各一個，因此會得到 3 個

> **Tips** NAT 計費方法
> ....
> NAT Gateway 的計費方法每小時與每 GB 下去做計費，因此在開設 NAT Gateway 的時候要注意，測試後要記得移除掉它。

所以使用上述的程式我們預計可以得到以下的架構，在目前的 Region 裡面有三個 Availability Zone，而裡面各含有一個 Public Subnet 與 Private Subnet 如圖 5-1：

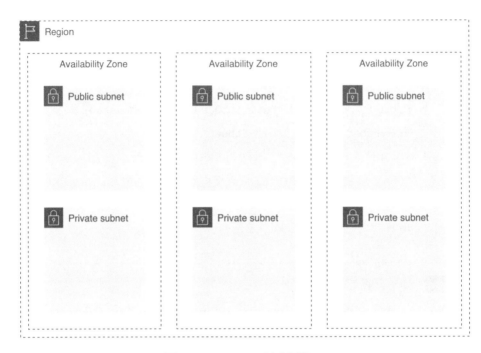

▲ 圖 5-1 AWS CDK 創建預設 VPC

有了以上的介紹我們可以直接來測試部署上 AWS 會有什麼樣的結果。這次我們就簡單帶過創建專案。

```
$ mkdir cdk-ec2-web && cd cdk-ec2-web
$ cdk init --language typescript
```

開啟 lib/cdk-ec2-web-stack.ts 把剛剛 VPC 的範例放進去之後，開啟 bin/cdk-ec2-web.ts 把 **14** 行解除註解。如果沒有解除註解 **AZ** 讀取出來的數量會是錯誤的，這邊要注意。

```
14 env: { account: process.env.CDK_DEFAULT_ACCOUNT, region: process.env.
CDK_DEFAULT_REGION },
```

然後一樣使用 cdk deploy 部署，執行後等它跑一下可能需要一點時間，因為建立
VPC 與 Subnet 需要比較多的時間。

執行完後我們到 AWS Console 裡面的 AWS VPC[1] 看一下目前的設定，可以看到
CIDR 為 10.0.0.0/16。

> **Tips** VPC 使用 Filter by VPC 加速搜尋
>
> 如圖 5-2 左側的 Filter by VPC 可以篩選目前的 VPC，它可以讓資料不要這麼
> 多會加快查找的速度。通常使用 AWS CDK 建立的 VPC 名稱會有 Name tag，
> 而我們預設的 VPC 是沒有 Name tag 的。

▲ 圖 5-2 AWS Console 查看預設 VPC 資訊

---

1   https://us-west-2.console.aws.amazon.com/vpc/home

再來我們看到 Subnets 的部分,可以看到目前的 Subnet 被切成各三個 PublicSubnet 與 PrivateSubnet。

▲ 圖 5-3 AWS Console 查看預設 VPC 的 Subnets 詳細資料

而 NAT Gateways 部分可以看到它分別在三個 PublicSubnet 設定了 NAT Gateway 給我們使用,而機器在 PrivateSubnet1 是沒有辦法出去 Internet 的因此會走 PublicSubnet1 專用的 NAT Gateway 出去,而且不管是哪台在 PrivateSubnet1 的機器都會使用同一個 IP 出去,而 PrivateSubnet 2 與 PrivateSubnet 3 也是一樣的情況。

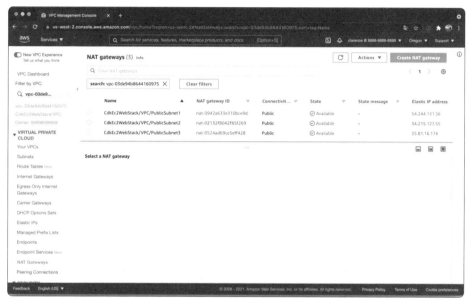

▲ 圖 5-4 AWS Console 查看預設 VPC 的 NAT gateways 詳細資料

測試完畢後我們需要先使用 cdk destroy 把目前的 VPC 清理乾淨才可以執行下一個範例，不然會出錯的！

5.2.1.2 修改預設 AWS CDK Amazon VPC NAT Gateway 數量為 0

有的讀者可能希望我的 VPC 裡面不要 NAT Gateway，那這時候我們就會直接設定 NAT Gateway 為 0，程式就會變成如下：

```
import * as ec2 from '@aws-cdk/aws-ec2';
const vpc = new ec2.Vpc(this, 'VPC', {
  natGateways: 0
});
```

在這個情況下我們會得到與 5.2.1.1 差不多的 VPC 型態，不過有些不同是原本的 Private subnet 會變成 Isolated subnet（隔離 subnet），而 Isolated subnet 的意思是 Subnet 不能連接 Internet 而且也沒有 NAT Gateway 所以它就是一個隔離的 Subnet，只能連到 VPC 裡面的機器或是被 VPC 裡面的其他機器連。

綜合上述的程式我們預計可以得到以下的架構，Region 裡面一樣有三個 Availability Zone，而裡面各含有一個 Public Subnet 與 Isolated Subnet，圖解如下：

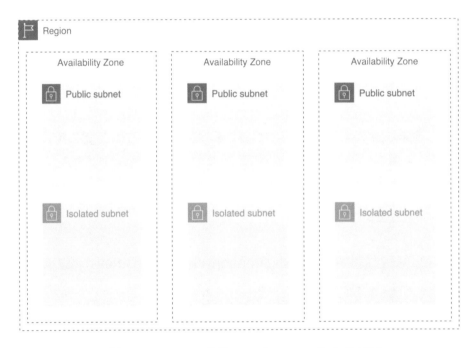

▲ 圖 5-5 AWS CDK 修改 NAT Gateways 為 0 的 VPC

有了以上的介紹我們修正一下 lib/cdk-ec2-web-stack.ts，把 natGateways 設定成 0 之後直接使用 cdk deploy 來看一下結果。

開啟後我們一樣到 VPC，可以看到目前 IPv4 CIDR 依然是 10.0.0.0/16，與 5.2.1.1 的範例是一樣的。

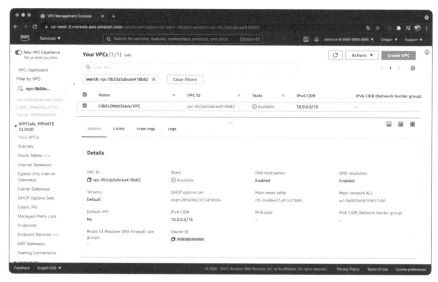

▲ 圖 5-6 AWS Console 查看 NAT Gateway 為 0 的 VPC

再來到 Route Tables 可以看到原本的 PrivateSubnet 現在換成了 IsolatedSubnet，而且只有與內網介接，因此就成為了一個封閉的網路。

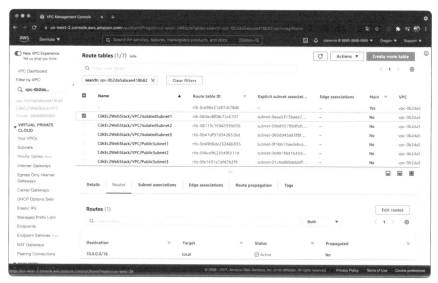

▲ 圖 5-7 AWS Console 查看 NAT Gateway 為 0 的 Isolated Subnet 詳細資料

然後我們到 PublicSubnet 可以看到 0.0.0.0/0 有與外網介接。

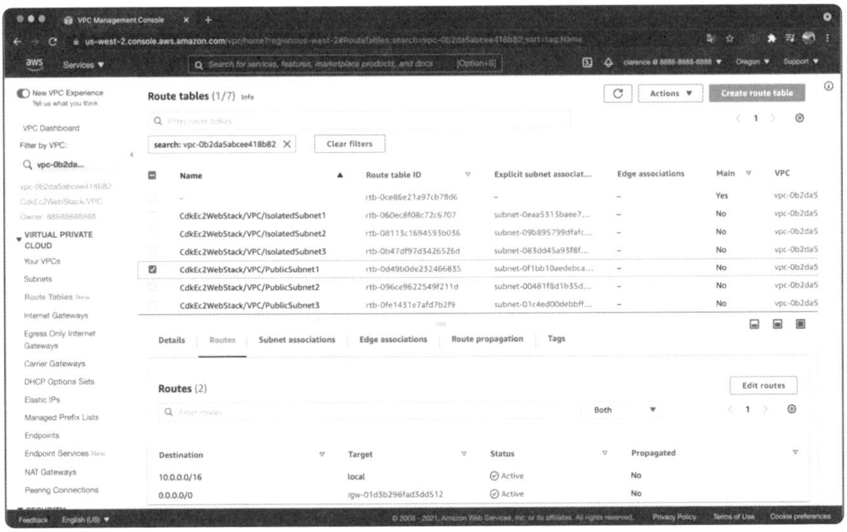

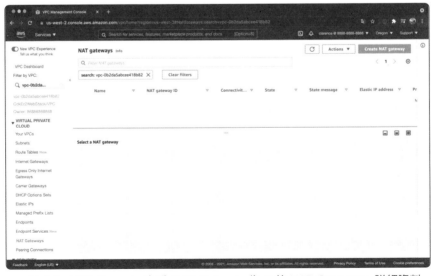

▲ 圖 5-8 AWS Console 查看 NAT Gateway 為 0 的 Public Subnet 詳細資料

再來我們可以再檢查一下 NAT Gateways 的部分，可以看到 CDK 並沒有幫我們創建任何的 NAT Gateway。

▲ 圖 5-9 AWS Console 查看 NAT Gateway 為 0 的 NAT Gateways 詳細資料

5.2.1.3 減少預設 AWS CDK Amazon VPC NAT Gateway 數量

前面介紹了每個 Availability Zone 都擁有 NAT Gateway 的情況，也介紹了沒有任何 NAT Gateway 的情況，但是真正在使用上如果設定 NAT Gateway 為 0 其實非常的不方便，而在架構上其實也不會把所有機器都放在 Public Subnet，因為這樣真的不安全。因此還是會希望內網可以出去外網，而外網不能直接進來，但是又不想要這麼多的 NAT Gateway 那有沒有其他方法呢？

其實可以設定 NAT Gateway 數量為 1，讓多個 Private Subnet 共用同一個 NAT Gateway 出去，這樣不僅可以方便內網出去外網，也不用支付這麼多 NAT Gateway 的費用，而方法很簡單只要修改一下 CDK 它就會幫我們處理好了，趕緊來測試一下吧！

```
import * as ec2 from '@aws-cdk/aws-ec2';

const vpc = new ec2.Vpc(this, 'VPC', {
  natGateways: 1
});
```

修改完使用 cdk deploy 等待結果，再提醒一下我們在執行之前要先使用 cdk destroy 移除目前的設定才不會出錯！

設定完後我們到 Route Tables 可以看到三個 Private Subnet 在 0.0.0.0/0 都是共用同一個 Target 也就是同一個 NAT Gateway。

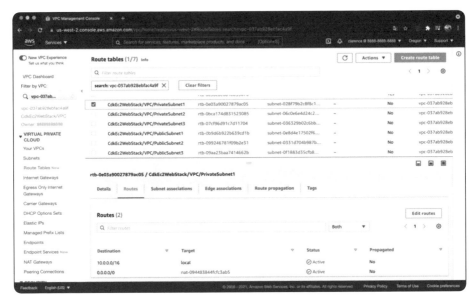

▲ 圖 5-10 檢查 Route Tables 的 Private Subnet 1 是否共用 Nat Gateway

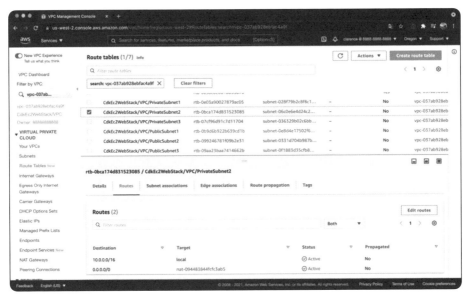

▲ 圖 5-11 檢查 Route Tables 的 Private Subnet 2 是否共用 Nat Gateway

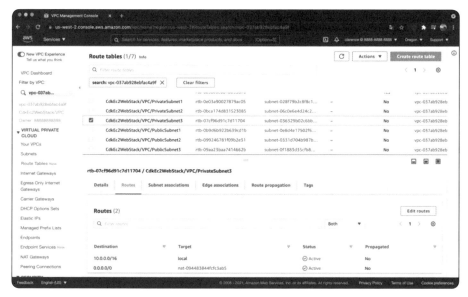

▲ 圖 5-12　檢查 Route Tables 的 Private Subnet 3 是否共用 Nat Gateway

5.3　AWS CDK 部署 Amazon EC2

介紹完 VPC 就可以使用 VPC 來部署 AWS EC2 了，而通常我們會把 Key Pair 塞進去機器裡面讓我們之後可以使用 SSH 進入機器。這部分需要先到 AWS Console 裡面新增 Key Pair，目前官方的 CDK 並沒有辦法支援使用 CDK 新增 Key Pair，所以這段需要手動處理。

5.3.1 部署 Amazon EC2 使用 Key pair

在新增 EC2 之前通常會新增一個 Security Group 來設定我們可以使用特定 IP 連線到 22 Port 做 SSH 功能，這邊假設平常使用的固定 IP 是 114.114.192.168 作為範例。

```
const securityGroup = new ec2.SecurityGroup(this, "SecurityGroup", {
  vpc,
  description: "Allow ssh access to ec2 instances",
  allowAllOutbound: true,
});
securityGroup.addIngressRule(
  ec2.Peer.ipv4('114.114.192.168/32'),
  ec2.Port.tcp(22),
  "Allow ssh access from clarence"
);
```

設定完 Security Group 之後來設定 EC2 Instance，我們希望的 EC2 需求如下：

- VPC：上一個章節所建立的 VPC
- 機器等級：t3.nano
- 使用 AMI：Amazon Linux
- 部署 Subnet：Public Subnet
- 使用 Key 名稱：Clarence

> **注意！**
> ....
> Key Pair 記得要使用自己平常使用的 Key Pair 名稱，不要跟著我使用我的範例名稱會部署錯誤的。

> **Tips** 注意機器所屬的 Subnet
> ....
> 這邊要注意我們需要指定部署的 Subnet 為 Public Subnet 不然外網是沒有辦法直接連接到這台 EC2 Instance 的。

有了機器需求就可以依照機器需求把機器建立起來，可以從下面的程式看出來，我們只是把上面的需求直接寫進去，並不需要做太多轉換就可以把原本要在 AWS Console 點很久的步驟用簡單的程式寫出來了。

```
const ec2Instance = new ec2.Instance(this, "Instance", {
  vpc,
  instanceType: ec2.InstanceType.of(
    ec2.InstanceClass.T3,
    ec2.InstanceSize.NANO
  ),
  machineImage: new ec2.AmazonLinuxImage(),
  securityGroup,
  vpcSubnets: {
    subnetType: ec2.SubnetType.PUBLIC,
  },
  keyName: "Clarence",
});
```

為了方便直接連線 EC2 做測試所以把部署的 EC2 IP 位置印出來。

```
new cdk.CfnOutput(this, 'InstanceIP', {
  value: ec2Instance.instancePublicDnsName
})
```

設定完後我們就可以使用 **cdk deploy** 來看看結果了。

> **Tips** 開啟 22 Port 讓所有流量可以通過
> ....
> 部署之前記得要把剛剛的 114.114.192.168/32 換成自己平常使用的固定 IP！
> 如果是沒有固定 IP 的讀者，我們可以把它改成任何 IP 都可以連上來，不過
> 這樣其實不太安全，這部分需要注意！
>
> ```
> securityGroup.addIngressRule(
>   ec2.Peer.anyIpv4(),
>   ec2.Port.tcp(22),
>   "Allow ssh access from anyway"
> );
> ```

```
$ cdk deploy
# 中間省略

Outputs:
CdkEc2WebStack.InstanceIP = ec2-54-201-39-195.us-west-2.compute.
amazonaws.com
# 以下省略
```

使用 SSH 測試這個網址是否可以 SSH 成功，因為我們使用的是 Amazon Linux 它預設的帳號是 ec2-user 因此連線方法如：

```
$ ssh ec2-user@ec2-54-201-39-195.us-west-2.compute.amazonaws.com
The authenticity of host 'ec2-54-201-39-195.us-west-2.compute.amazonaws.
com (54.201.39.195)' can't be established.
ECDSA key fingerprint is SHA256:7rsL4bnxHWjLD6Yt6ywy/YVVP4TgSLLvW+PTOB1WgLk.
Are you sure you want to continue connecting (yes/no/[fingerprint])? yes
Warning: Permanently added 'ec2-54-201-39-195.us-west-2.compute.amazonaws.
com,54.201.39.195' (ECDSA) to the list of known hosts.
```

```
       __|  __|_  )
       _|  (     /   Amazon Linux AMI
       ___|\___|___|

https://aws.amazon.com/amazon-linux-ami/2018.03-release-notes/
[ec2-user@ip-10-0-25-149 ~]$
```

測試完 SSH 後我們可以打開 AWS Console 看一下機器的詳細資料。

▲ 圖 5-13　AWS Console 查詢 EC2 Public IP

以上就是使用 AWS CDK 部署一台放置於 Public Subnet 機器的方法。

5.3.2　部署 Amazon EC2 使用 AWS Session Manager

在 AWS 裡面除了傳統的使用 Key Pair 以外，還可以使用 Session Manager 來連線機器。它可以讓使用者不用先放入 Public Key 由 AWS 代勞在需要使用的時候放入臨時的 Public Key 登入，如此不僅不用保管 SSH Key 也可以減少資安風險，而在使用 Session Manager 的情況下我們是可以讓機器躲在 Private Subnet 裡面，不用讓它暴露在外網如此可以讓安全性進一步的提升。

要讓 EC2 機器可以自動支援 AWS Session Manager 需要幫機器設定 IAM role，讓機器擁有 SSM 權限並且在第一次開機的時候自動安裝 SSM agent，達成以上兩個條件就可以讓機器支援 AWS Session Manager。

而要支援 AWS Session Manager 需要用到三個 action：

- ssmmessages:*
- ssm:UpdateInstanceInformation
- ec2messages:*

因為我們這次是使用 Amazon Linux 它是使用 yum 安裝程式，所以第一次開機需要安裝的 SSM agent 指令如下（如果想要安裝在其他系統可以參考官方文件 "How do I install AWS Systems Manager Agent (SSM Agent) on an Amazon EC2 Linux instance at launch?[2]" 裡面有 Amazon Linux 2、CentOS 與 Ubuntu 等系統的教學）

```
yum install -y https://s3.amazonaws.com/ec2-downloads-windows/SSMAgent/
latest/linux_amd64/amazon-ssm-agent.rpm
```

綜合以上修改，可以發現整個 CDK 程式比起上一個章節的 CDK 程式更簡單，因為我們連 Security Group 設定都免了，最後再修改 Output 輸出把它改成 Instance ID，因為我們在使用 SSM 的時候其實只要用到 Instance ID 就可以連線了。

```
const ec2Instance = new ec2.Instance(this, "Instance", {
  vpc,
  instanceType: ec2.InstanceType.of(
    ec2.InstanceClass.T3,
    ec2.InstanceSize.NANO
  ),
  machineImage: new ec2.AmazonLinuxImage(),
});
ec2Instance.addToRolePolicy(
  new iam.PolicyStatement({
    actions: [
```

2　https://aws.amazon.com/tw/premiumsupport/knowledge-center/install-ssm-agent-ec2-linux/

```
      "ssmmessages:*",
      "ssm:UpdateInstanceInformation",
      "ec2messages:*",
    ],
    resources: ["*"],
  })
);
ec2Instance.addUserData(
  "yum install -y https://s3.amazonaws.com/ec2-downloads-windows/\
  SSMAgent/latest/linux_amd64/amazon-ssm-agent.rpm"
);
new cdk.CfnOutput(this, 'InstanceId', {
  value: ec2Instance.instanceId
})
```

修改後使用 cdk deploy 來看看結果吧！

```
$ cdk deploy
# 中間省略


Outputs:
CdkEc2WebStack.InstanceId = i-0923971efaaefff5d
# 以下省略
```

要使用 Session Manager 之前我們需要先安裝 Plugin，安裝方法可以參考「A.3 安裝 AWS Session Manager」，安裝好我們就可直接使用指令進行連線，而在這個情況下機器沒有 Public IP，因此外網沒有辦法直接連到機器，但我們可以經過 SSM 連線到機器裡面。

```
$ aws ssm start-session --target i-0923971efaaefff5d

Starting session with SessionId: clarence-098d37a006a23b471
sh-4.2$ bash
[ssm-user@ip-10-0-103-84 /]$ cd
[ssm-user@ip-10-0-103-84 ~]$
```

而我們也可以直接打開 AWS Console 使用它開啟 Session Manager 連線到主機，
開啟 AWS Console 後找到右上角的 Connect。

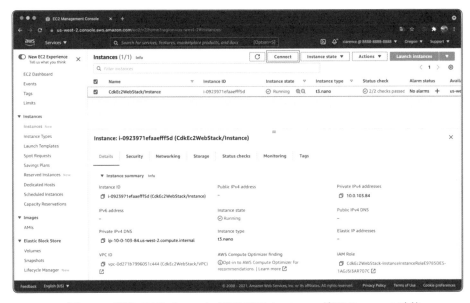

▲ 圖 5-14 開啟 AWS Console 選擇 EC2 Instance 使用 Connect 功能

進入 Connect 後選擇 Session Manager 使用 Connect 連線到 EC2 Instance。

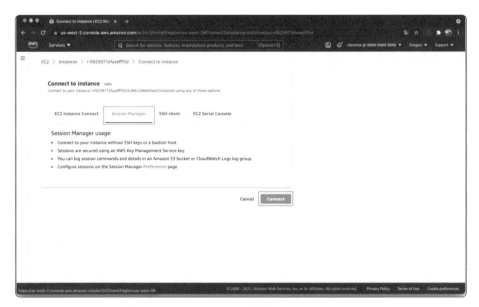

▲ 圖 5-15 EC2 Instance 使用 Session Manager

連線成功後可以看到它的使用體驗跟使用指令連線到 EC2 Instance 一樣，如果在外面手邊剛剛好沒有 Console 可以使用它會是一個很好的工具。

▲ 圖 5-16 AWS Console 使用 Web 連線到 EC2 Instance 使用 Session Manager

以上就是建立一台 EC2 Instance 並且讓它支援 Session Manager 的方法。

5.3.3 部署 Amazon EC2 使用 Default VPC

如果有在使用 AWS 的讀者就會有一個疑問，在 AWS 上面有一個預設的 VPC 那我們架設 EC2 是不是可以直接使用這個 VPC 而不用再創建呢？答案是可以的，這個章節就來說明如何讓 AWS CDK 直接使用預設 VPC 架設 EC2 吧！

其實要使用預設 VPC 很簡單我們只要改變使用 fromLookup 呼叫取得 VPC 就可以了。

```
const vpc = ec2.Vpc.fromLookup(this, 'VPC', {
  isDefault: true,
});
```

修改後我們把原本的 CDK 先 destroy 後再 deploy 就可以看到它正常部署。然後打開 AWS Console 尋找 AWS VPC 找到 default API，可以看到我們目前這個 VPC ID 為 vpc-9181c9e9。

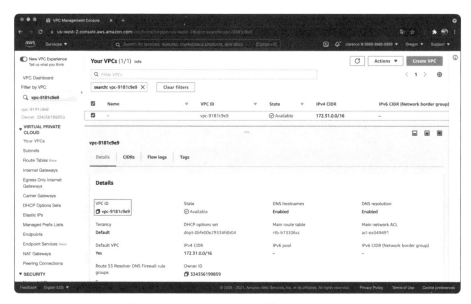

▲ 圖 5-17 AWS Console 查看 default VPC ID

然後回到 AWS EC2 頁面可以看到我們新部署的 EC2 確實在 default VPC 上。

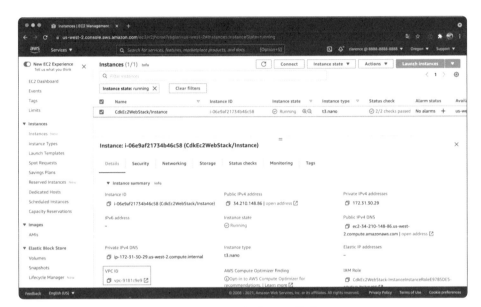

▲ 圖 5-18 AWS Console 查看 EC2 使用 default VPC

以上就是使用 AWS CDK 在 VPC 裡面部署 EC2 的方法，說了這麼多其實使用 AWS CDK 也可以幫我們使用 EC2 自動部署 LAMP，因此下一個章節就來說明如何使用 AWS CDK 架設 LAMP 吧！

5.4 使用 AWS CDK 架設 LAMP

在說明自動部署 LAMP 前應該要先說明怎麼好好保護我們的內網主機。說到內網主機就會想到 Bastion Host，通常稱它為防禦主機或是堡壘主機，一般會在 Public Subnet 裡面架設一台主機，而外部要進入內網機器都會先經過這台主機跳板到 Private Subnet 的主機，如此我們 Private Subnet 的主機就不需要開到 Public Subnet 裸奔了。

5.4.1 Bastion Host

一般來說比較偷懶的時候會在 Application 的 EC2 上面設定一個 Static IP 白名單 22 Port 來保護我們的機器但這其實不夠安全,比較好的做法其實是設定一台 Bastion Host 來當跳板機,所有的連線經由這台跳板機連到內部的 Private 網路主機,這會是相對安全的一個方法,以架構來看我們會希望它架構如圖 5-19。

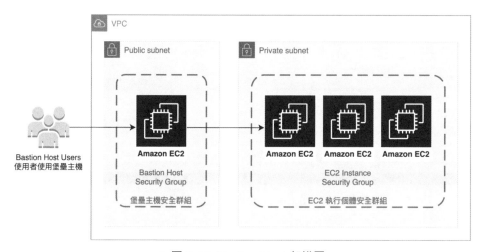

▲ 圖 5-19 Bastion Host 架構圖

5.4.1.1 使用 AWS CDK 架設 Bastion Host

其實架設 Bastion Host 與我們「5.3.2 部署 Amazon EC2 使用 AWS Session Manager」差不多,不過 AWS CDK 提供一個更方便的函數來達成這件事情。我們只需要一個函數就可以完成這些步驟,不用像 5.3.2 一樣有這麼多的設定需要處理。這邊我們使用 subnetSelection 指定機器開設在 Public Subnet,並且設定在防火牆的 SSH Port 開啟 114.114.192.168,如此就建立一台 Bastion Host 了。

```
const host = new ec2.BastionHostLinux(this, "BastionHost", {
  vpc,
```

```
  subnetSelection: { subnetType: ec2.SubnetType.PUBLIC },
});
host.allowSshAccessFrom(ec2.Peer.ipv4('114.114.192.168/32'));
```

而為了模擬 Public Subnet 的機器可以直接連到 Private Subnet 的機器，因此我們在這邊再建立一台 EC2 當成 LAMP 伺服器來模擬連線，並且設定了 key Name 來模擬經由 Bastion Host 連到內網的機器，而這台機器擁有公鑰。

```
const ec2Instance = new ec2.Instance(this, "Instance", {
  vpc,
  instanceType: ec2.InstanceType.of(
    ec2.InstanceClass.T3,
    ec2.InstanceSize.NANO
  ),
  machineImage: new ec2.AmazonLinuxImage(),
  keyName: "Clarence",
});
new cdk.CfnOutput(this, 'PublicDnsName', {
  value: ec2Instance.instancePublicDnsName
})
```

新增 Security Group 讓 Bastion Host 可以連到 ec2Instance。

```
ec2Instance.connections.allowFrom(host, ec2.Port.tcp(22))
```

一樣 destroy 後使用 deploy 部署。

```
$ cdk deploy
# 中間省略

Outputs:
```

```
CdkEc2WebStack.BastionHostBastionHostIdC743CBD6 = i-0798fb8e967a0e05f
CdkEc2WebStack.PublicDnsName = ec2-34-217-120-67.us-west-2.compute.
amazonaws.com
# 以下省略
```

5.4.1.2 藉由 AWS SSM 讓本機可以使用 SSH 連線到 EC2

「5.3.2 部署 Amazon EC2 使用 AWS Session Manager」是使用 aws ssm start-session 直接連到機器，而這章節我們想直接使用 SSH 連到 Bastion Host。想達成這件事有一個現成的專案 aws-ssm-ec2-proxy-command[3] 已經寫好腳本，我們只要依照步驟下載就好：

1. 下載 aws-ssm-ec2-proxy-command.sh[4] 把它放到 ~/.ssh/aws-ssm-ec2-proxy-command.sh
2. 假設我們平常使用的 SSH Key 檔案在 ~/.ssh/id_rsa 那就直接修改 ~/.ssh/config 如下：

```
host i-* mi-*
  IdentityFile ~/.ssh/id_rsa
  ProxyCommand ~/.ssh/aws-ssm-ec2-proxy-command.sh %h %r %p ~/.ssh/id_rsa.pub
  StrictHostKeyChecking no
```

修改好就可以直接使用 ssh <INSTACEC_USER>@<INSTANCE_ID> 連線到主機，而依照這次的範例使用 SSH 指令就可以連線到我們的 Bastion Host 了。

```
$ ssh -A ec2-user@i-0798fb8e967a0e05f
Add public key /Users/user/.ssh/id_ed25519.pub for ec2-user at instance
i-0798fb8e967a0e05f for 60 seconds
```

3　https://github.com/qoomon/aws-ssm-ec2-proxy-command
4　https://github.com/qoomon/aws-ssm-ec2-proxy-command/blob/master/aws-ssm-ec2-proxy-command.sh

```
Start ssm session to instance i-0798fb8e967a0e05f


    __|  __|_  )
    _|  (     /    Amazon Linux 2 AMI
    ___|\___|___|


https://aws.amazon.com/amazon-linux-2/
[ec2-user@ip-172-31-21-84 ~]$
```

而因為我們在連線的時候有輸入 -A，所以 Bastion Host 可以直接連線到本來就已
經放好 Key Name 的主機上。

```
[ec2-user@ip-172-31-21-84 ~]$ ssh ec2-user@ec2-34-217-120-67.us-west-2.
compute.amazonaws.com


    __|  __|_  )
    _|  (     /    Amazon Linux AMI
    ___|\___|___|


https://aws.amazon.com/amazon-linux-ami/2018.03-release-notes/
[ec2-user@ip-172-31-16-238 ~]$
```

> **Tips** SSH 使用 AWS SSM 錯誤原因
>
> 在連線的時候可能出現以下兩種錯誤：
>
> 1. 以下錯誤訊息是因為 Region 錯誤，解法可以在連線指令後面加上 --us-
> west-2：ssh ec2-user@i-0798fb8e967a0e05f--us-west-2
>
> ```
> You must specify a region. You can also configure your region by
> running "aws configure". kex_exchange_identification: Connection
> closed by remote host
> ```

2. 以下錯誤，可能是因為讀者的 config 有設定 profile 的關係，那我們可以在前面加入 Profile 參數來指定 Profile：AWS_PROFILE='aws' ssh ec2-user@i-0798fb8e967a0e05f

```
An error occurred (InvalidInstanceId) when calling the SendCommand
operation:
kex_exchange_identification: Connection closed by remote host
```

以上就是使用 aws-ssm-ec2-proxy-command 讓本機 SSH 也可以經過 AWS SSM 連線的方法。這樣我們就可以使用 AWS IAM 來管理誰可以進入 EC2 Instance，機器裡面也不用塞很多 Public Key 讓機器變的更乾淨，而且權限也可以集中管理，不過實際使用上還是要看公司的 Policy。

5.4.2 使用 CDK 自動部署 LAMP 伺服器

介紹完怎麼保護主機後我們就可以來架設 LAMP 了。在以前我們如果租了一台虛擬機安裝完系統之後需要自己進去慢慢的把機器設定起來，或是比較厲害的使用者可能會準備好指令寫個腳本進入機器執行腳本，等腳本跑完機器就裝好了，這做法其實就離自動部署很近了，不過我們會想要使用 CDK 就是為了可以不用再進去機器裡面執行指令，那使用 EC2 是不是可以做到這件事情呢？

答案是可以的，在 AWS 只要使用 User Data 就可以完成這個需求，我們可以塞入一個腳本讓機器在第一次啟動的時候自動執行腳本達成自動部署機器的需求，因此這個章節就來教你如何建立一台可以自動部署 LAMP 的 EC2 Instance。

這個小節我們的目標很簡單就是架設一台含有 LAMP 的 EC2，使用者可以直接連線到此機器取用資源架構圖如 5-20。

▲ 圖 5-20 單台 EC2 Instance 部署 LAMP

5.4.2.1 LAMP 腳本撰寫

第一步我們需要先準備給機器使用的 LAMP 腳本，本書已經準備好了讀者可以直接照抄就好。腳本主要功能是安裝了 Apache Web 伺服器、MariaDB 與 PHP，並且做一些必要設定讓預設使用者 ec2-user 可以使用 /var/www 目錄。

```
1  #!/bin/bash
2  uname -a # 顯示機器資訊
3  yum update -y # 更新 yum
4  amazon-linux-extras install -y lamp-mariadb10.2-php7.2 php7.2
   # 使用amazon-linux-extras 安裝LAMP MariaDB與 PHP 套件
5  yum install -y httpd mariadb-server
   # 使用 yum 安裝Apache Web 伺服器與MariaDB
6  systemctl start httpd # 啟動Apache Web 伺服器
7  systemctl enable httpd # 設定開機啟動Apache Web 伺服器
8  usermod -a -G apache ec2-user # 將使用者 ec2-user 加入 apache 群組
9  chown -R ec2-user:apache /var/www # 修改/var/www所有權與變更群組至apache
10 chmod 2775 /var/www # 變更 /var/www 目錄權限
11 find /var/www -type d -exec chmod 2775 {} \; # 變更 /var/www 字目錄權限
12 find /var/www -type f -exec chmod 0664 {} \; # 新增群組寫入權限
13 echo "<?php phpinfo(); ?>" > /var/www/html/phpinfo.php
14 # 新增phpinfo測試檔案
```

5.4.2.2 EC2 使用 User data 執行 LAMP 安裝腳本

準備好安裝腳本，下一步就可以說明怎麼讓 EC2 開機執行腳本。在 EC2 部署有一個 User data（使用者資料）的功能它會在第一次開機的時候執行本腳本，它可以幫我們完成自動部署的功能。假設目前部署的網站系統是可以做自動擴展的，那我們就會讓所有的機器在第一次開機的時候執行此腳本，自動建立好可以服務的機器，如此就可以做到自動擴展的功能。然而擴展做完還需要做統一入口，否則使用者會不知道怎麼連到後端的服務，這時候就需要用到負載平衡器，而本書考慮到不要一次跳太快會先從單台機器的情境開始說明。

要執行 User data 需要三個步驟：

1. 上傳腳本到 S3 Bucket 上。
2. 給予機器可以存取 Bucket 的權限。
3. 使用 User data 讓機器自動下載 S3 上面的腳本並且自動執行。

首先我們創建一個 ec2-configure 的資料夾並且建立 configure.sh 腳本，創建好之後把上面的程式碼貼入 configure.sh 的檔案。

```
mkdir ec2-configure && touch configure.sh
```

然後新增 CDK 腳本讓它上傳 configure.sh。

```
const asset = new assets.Asset(this, 'Asset', {path: path.join(__dirname,
'../ec2-configure/configure.sh')});
```

因為範例是使用單台機器做範例，因此先把 EC2 Instance 放到 Public Subnet 裡面並且開啟 80 Port 與限制存取 22 Port 的 IP 做基礎的安全性控管。

```
const instance = new ec2.Instance(this, "Instance", {
  vpc,
  instanceType: ec2.InstanceType.of(
    ec2.InstanceClass.T3,
    ec2.InstanceSize.NANO
```

```
  ),
  machineImage: new ec2.AmazonLinuxImage({
    generation: ec2.AmazonLinuxGeneration.AMAZON_LINUX_2
  }),
  keyName: "Clarence",
  vpcSubnets: {
    subnetType: ec2.SubnetType.PUBLIC,
  },
});
instance.connections.allowFromAnyIpv4(ec2.Port.tcp(80))
instance.connections.allowFrom(
  ec2.Peer.ipv4('114.114.192.168/32'),
  ec2.Port.tcp(22)
)
new cdk.CfnOutput(this, 'PublicDnsName', {
  value: instance.instancePublicDnsName
})
new cdk.CfnOutput(this, 'PHPInfo', {
  value: `http://${instance.instancePublicDnsName}/phpinfo.php`
})
```

準備好機器後我們加入下載指令與 role 權限的設定。

```
const localPath = instance.userData.addS3DownloadCommand({
  bucket:asset.bucket,
  bucketKey:asset.s3ObjectKey,
});
instance.userData.addExecuteFileCommand({
  filePath:localPath,
  arguments: '--verbose -y'
});
asset.grantRead( instance.role );
```

完成後一樣先 destroy 前一個部署再使用 deploy 啟動新的部署。

```
$ cdk deploy
# 中間省略

Outputs:
CdkEc2WebStack.PHPInfo = http://ec2-34-212-213-114.us-west-2.compute.
amazonaws.com/phpinfo.php
CdkEc2WebStack.PublicDnsName = ec2-34-212-213-114.us-west-2.compute.
amazonaws.com
# 以下省略
```

部署後就可以開啟網址 http://ec2-34-212-213-114.us-west-2.compute.amazonaws.
com/phpinfo.php 可以看到如圖 5-21 PHP Info 的測試網頁，代表 Apache Web 伺服
器與 PHP 是正常執行的。

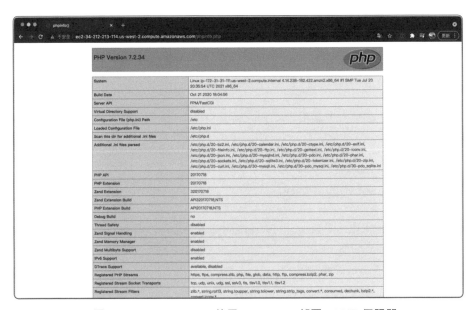

▲ 圖 5-21 EC2 Instance 使用 User data 部署 LAMP 伺服器

確定正常後我們可以到 AWS Console 看一下 AWS CDK 在 User data 做了什麼，它在右上角的 Actions -> Instance settings -> Edit user data 裡面看到。

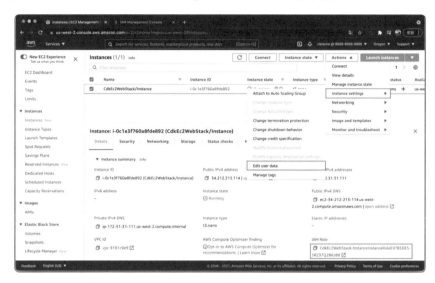

▲ 圖 5-22 AWS Console 開啟 EC2 Instance user data

其實就是建立一個資料夾複製檔案之後執行 sh 腳本。

▲ 圖 5-23 AWS Console 觀看 EC2 Instance user data

另外還可以到 IAM Role 觀察 S3 的 Role，可以看到 IAM Role 限制只有我們上傳 sh
的那個 Bucket 可以取用檔案而已，因此非常的安全不用擔心這台 EC2 Instance 可
以取得帳號裡面的其他 S3 Bucket。

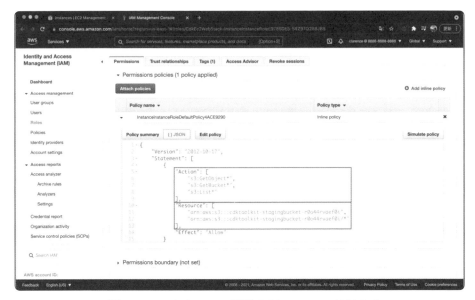

▲ 圖 5-24 AWS Console 觀看 EC2 Instance IAM Role

以上就是使用單台機器部署 LAMP 伺服器的方法，但我們最終的目標其實是部署
一個可以自動擴展的 LAMP 系統，所以下一章就來說明如何做到。

5.5 部署含有負載平衡的 LAMP 伺服器

要部署最終可以自動擴展的 LAMP 伺服器首先還需要一個東西是負載平衡。我們可以在 CDK 文件上面看到基本上設定負載平衡建議都是搭配使用 Auto Scaling Group（ASG）來設定，因為這樣才是一個高可用性架構。不過本書以單獨一台 EC2 Instance 開始說起，畢竟單台 EC2 Instance 架設服務會比較好理解，而且在實務上很多公司的架構其實是使用單一負載平衡搭配 Port 或是使用主機名稱（Hostname）來切分服務。其後端並沒有使用擁有 ASG 的架構，因為服務其實一台機器就可以承載了。這個小節將簡單介紹它的架構如圖 5-25。

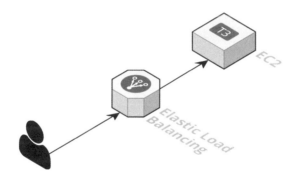

▲ 圖 5-25 含有負載平衡的單台 LAMP 伺服器架構

5.5.1 Elastic Load Balancing

在 AWS 中目前比較常用的 Elastic Load Balancing 有 Application Load Balancer（ALB）與 Network Load Balancer（NLB）。

而 Network Load Balancer 與 Application Load Balancer 最大的不同點在於 Network Load Balancer 為第四層（Transport Layer）服務而 Application Load Balancer 屬於第七層（Application Layer）服務，它們分別需要處理不一樣的任務。如果服務是

使用 HTTP 或是 HTTPS 兩種都可以選擇，不過建議選擇 ALB 畢竟可以看到的資訊比較多；如果服務是直接使用 TCP 或是 UDP 類型就只能選擇 NLB，而本章會使用 HTTP 服務來帶你使用 ALB 與 NLB。

5.5.1.1 使用 AWS CDK 部署 Application Load Balancer

使用 Elastic Load Balancing 需要使用 aws-elasticloadbalancingv2 來創建 Load Balancer 與使用 aws-elasticloadbalancingv2-targets 取得 Instance 的 target。

```
import * as elbv2 from '@aws-cdk/aws-elasticloadbalancingv2';
import * as targets from "@aws-cdk/aws-elasticloadbalancingv2-targets";
```

創建 Application Load Balancer 入口 internetFacing 預設是 false，意思是創建一個內網的 Load Balancing 而這邊需要的是外網，所以要把它設定成 true。

我們會使用這個新的 Load Balancer 入口點來測試 PHP 是否正常，就不使用原本的 EC2 Instance Public IP 入口。

```
const lb = new elbv2.ApplicationLoadBalancer(this, 'LB', {
  vpc,
  internetFacing: true
});
new cdk.CfnOutput(this, 'PHPInfo', {
  value: `http://${lb.loadBalancerDnsName}/phpinfo.php`
})
```

每個 Port 都需要配置一個 Listener 來監聽才可以使用，而這邊我們會使用 targets.InstanceTarget 來取得 Listener 需要的 Instance target。

```
const listener = lb.addListener('Listener', {
  port: 80
});
```

```
listener.addTargets('ApplicationFleet', {
  port: 80,
  targets: [new targets.InstanceTarget(instance)]
});
```

這邊要特別注意一件事是我們需要設定 listener 的 Security Group 不然不會通。

```
listener.connections.allowTo(instance, ec2.Port.tcp(80));
```

> **Tips** AWS Security Group 阻止所有流量的方法
> ···
> 預設 Listener 會設定一條規則來阻止所有的流量，我們可以在 AWS CDK 原始
> 碼 [5] 裡面看到它。那它是怎麼在白名單的情況下處理流量限制的呢？
> 它會設定 IP 為 255.255.255.255/32，因為沒有任何機器可以擁有此 IP，因此
> 設定此 IP 很安全。Protocol 使用了 252，也沒有人使用這個 ICMP type，如
> 此一來就可以在白名單的情況下鎖住所有流量了。
>
> ```
>   const MATCH_NO_TRAFFIC = {
>     cidrIp: '255.255.255.255/32',
>     description: 'Disallow all traffic',
>     ipProtocol: 'icmp',
>     fromPort: 252,
>     toPort: 86,
>   };
> ```

---

5 https://github.com/aws-cdk/aws-cdk/blob/v1.114.0/packages/@aws-cdk/aws-ec2/lib/security-group.
   ts##L584-L599

直接進去 AWS Console 可以看到如下圖 5-26 的設定。

▲ 圖 5-26 AWS Console 觀看 Load Balancer Listener 禁止規則

設定完成後我們就可以使用 cdk deploy 來部署看看了。

```
$ cdk deploy
# 中間省略

Outputs:
CdkEc2WebStack.PHPInfo = http://CdkEc-LB8A1-P2STMVU08A7A-1077897225.us-
west-2.elb.amazonaws.com/phpinfo.php
# 以下省略
```

▲ 圖 5-27 測試 Application Load Balancer 部署的 PHP 測試頁面

完成後我們到 AWS Console 看一下 Application Load Balancer 部署的結果，可以看到我們連線的 DNS name 網址與上面測試的是同一個網址，而且 Type 是 application 代表它是使用 Application Load Balancer。

▲ 圖 5-28 AWS Console 查看 Application Load Balancer 部署結果

5.5.1.2 使用 AWS CDK 部署 Network Load Balancer

雖然在 LAMP 的部署情境下不需要使用到 Network Load Balancer，不過為了介紹方便還是使用 PHP 測試頁面來介紹 Network Load Balancer，但是後面的自動擴展 LAMP 伺服器並不會使用到 Network Load Balancer。

其實要把 Application Load Balancer 改成 Network Load Balancer 不用做太多的修改，我們把 ApplicationLoadBalancer 修改成 NetworkLoadBalancer。

```
const lb = new elbv2.NetworkLoadBalancer(this, 'LB', {
  vpc,
  internetFacing: true
});
```

修改 addListener 移除 open: true。

```
const listener = lb.addListener('Listener', {
  port: 80,
});
```

而 addTargets 要特別的注意，在使用 Network Load Balancer 的情況下我們有兩種 Target 可以選擇，一種是 Instance type 另一種是 IP type，兩種方法設定 Target 最大的不同在於 Security Group 的設定與機器看到的 IP 是內網 IP 或是外網真實 IP 的差別。

選項一：使用 Instance Type 所有的流量會從外網直接流進機器，而 NLB 不像 ALB 一樣擁有 Security Group，因此無法使用 Instance 與 listener 對接 Security Group 的方法來保護機器。所以說對應到機器的 Security Group Port 需要全開，不然會沒有辦法使用，所以需要修改的程式如下：

```
instance.connections.allowFromAnyIpv4(ec2.Port.tcp(80))
listener.addTargets('Targets', {
```

```
  port: 80,
  targets: [new targets.InstanceTarget(instance)]
});
```

選項二：使用 IP type 方法建立 Target 的好處在於所有的流量會經由內網丟進去，所以在 Instance 的 Security Group 就可以使用 VPC CIDR 的方法阻擋。以安全性來說可以阻止使用者直接使用 Instance 的 Public IP 連線，或許有的人比較喜歡此方法。

但這時候就有一個問題會出現那就是機器會沒有辦法知道 Client 端真實的 IP，那這樣使用 IP type 是不是就沒有辦法知道 Client 的真實 IP 了呢？其實要知道也是可以，不過這樣就要使用 Proxy Protocol Version 2 的支援才可以，但使用 **Proxy Protocol Version 2** 需要內部的軟體支援，不然會有問題這點需要特別注意！

```
instance.connections.allowFrom(
  ec2.Peer.ipv4(vpc.vpcCidrBlock),
  ec2.Port.tcp(80)
)
listener.addTargets('Targets', {
  port: 80,
  targets: [new targets.IpTarget(instance.instancePrivateIp)]
});
```

移除 listener 的 Security Group 設定，因為 Network Load Balancer 並沒有 Security Group。

```
listener.connections.allowTo(instance, ec2.Port.tcp(80));
```

設定完成後使用 cdk deploy 來部署。

```
$ cdk deploy
# 中間省略
```

```
Outputs:
CdkEc2WebStack.PHPInfo = http://CdkEc-LB8A1-3DN29U8AUZQ6-aca959a8f73b5e21.
elb.us-west-2.amazonaws.com/phpinfo.php
# 以下省略
```

查看一下 NLB 網址可以看到 PHP 測試頁面是正常的。

▲ 圖 5-29　使用網頁測試 Network Load Balancer PHP 測試頁面

另外我們到 AWS Console 看一下 NLB 配置，可以看到 DNS name 名稱與 CDK 給我們的一樣，而 Type 也變成 network 了。

▲ 圖 5-30 AWS Console 查看 Network Load Balancer 部署結果

再來可以到 AWS Console 看一下 Target groups 的設定，可以看到它的 Target type
為 Instance。

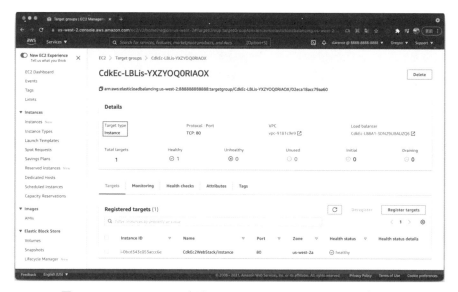

▲ 圖 5-31 AWS Console 查看 Target groups Instance type 部署結果

而這邊因為有兩種 type 所以我使用 IP type 在部署一次，可以看到 Target groups 改成了 IP。

▲ 圖 5-32 AWS Console 查看 Target groups IP type 部署結果

以上就是使用 Network Load Balancer 與 EC2 Instance 直接介接的方法，不過以上的使用方法都是看使用情境決定。Network Load Balancer 的介紹就到這邊，下一個章節會直接說明如何建立一個可以自動擴展的 LAMP 伺服器。

5.6 部署可自動擴展的 LAMP 伺服器

介紹完了 Application Load Balancer 與 Network Load Balancer 那距離完成可以自動擴展的 LAMP 伺服器就只差自動擴展的部分了，所以就來介紹如何使用 AWS CDK 部署一個有負載平衡又可以自動擴展的完整系統！我們在這個小節的部署目標如圖 5-33。

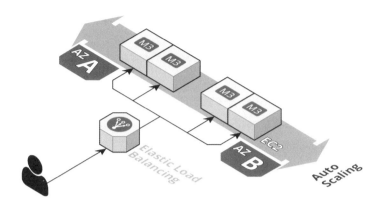

▲ 圖 5-33 含有負載平衡與自動擴展功能的 LAMP 伺服器架構

5.6.1 Auto Scaling

在 AWS 裡面如果需要使用自動擴展機制就要藉由 Auto Scaling 來幫忙，我們可以依靠多種指標來控制系統的擴展，包括 CPU 平均使用率或是進出平均的網路流量。如果是使用 Application Load Balancer，還可以使用 RPS（Requests per second）來控制機器擴展。另外如果是週期性的負載還可以使用排定擴展（Scheduled scaling）來控制，可以混搭這些指標來讓機器平穩的承載更多人。另外在 AWS CDK 裡面還有一個政策步驟（Step Scaling）可以使用，不過通常不太推薦。

5.6.1.1 使用 AWS CDK 部署 Auto Scaling

首先 import 一個新的模組它用來控制 EC2 的 auto scaling。

```
import * as autoscaling from '@aws-cdk/aws-autoscaling';
```

在開始之前先把 Bastion Host 再建立起來，讓我們可以連到 Private Subnet 裡面的 EC2。

```
const host = new ec2.BastionHostLinux(this, "BastionHost", {
  vpc,
```

```
    subnetSelection: { subnetType: ec2.SubnetType.PUBLIC },
  });
  host.allowSshAccessFrom(ec2.Peer.ipv4('114.114.192.168/32'));
```

然後修改原本的 EC2 Instance 部署，要把 EC2 Instance 修改成 Auto Scaling 模式其實不太困難，只要把原本的 **ec2.Instance** 改成 **autoscaling.AutoScalingGroup** 再新增 minCapacity 與 maxCapacity，基本上就把整個 EC2 變成可以自動擴展的模式了。

```
  const asg = new autoscaling.AutoScalingGroup(this, 'ASG', {
    vpc,
    minCapacity: 3,
    maxCapacity: 5,
    instanceType: ec2.InstanceType.of(
      ec2.InstanceClass.T3,
      ec2.InstanceSize.NANO
    ),
    machineImage: new ec2.AmazonLinuxImage({
      generation: ec2.AmazonLinuxGeneration.AMAZON_LINUX_2
    }),
    keyName: "Clarence",
  });
```

而 instance.connections.allowFrom 如果需要調整，可以直接修改成 asg.connections.allowFrom 就可以使用了。不過因為使用 Load Balancer 直接對外的關係機器就沒有必要放在 Public Subnet 了，所以整個 EC2 叢集都部署在 Private Subnet，就算設定對外 IP 可以進入也是連不到機器的，因此設定 Bastion Host 可以進入每台新部署的 EC2 Instance。

```
  asg.connections.allowFrom(host, ec2.Port.tcp(22))
```

而在 User Data 上只要把 instance 改成 asg 就可以了，整個使用上非常的簡單。

```
const localPath = asg.userData.addS3DownloadCommand({
  bucket: asset.bucket,
  bucketKey: asset.s3ObjectKey,
});
asg.userData.addExecuteFileCommand({
  filePath: localPath,
  arguments: '--verbose -y'
});
asset.grantRead(asg.role);
```

在 Load Balancer 上記得要把它改回 ApplicationLoadBalancer，因為只有使用 Application Load Balancer 才可以使用 RPS 來擴展機器，而且 HTTP 或是 HTTPS 服務使用 Application 比較適合。

```
const lb = new elbv2.ApplicationLoadBalancer(this, 'LB', {
  vpc,
  internetFacing: true
});
const listener = lb.addListener('Listener', {
  port: 80,
});
listener.addTargets('Targets', {
  port: 80,
  targets: [asg]
});
```

說完 Load Balancer 就可以來說明自動擴展的指標，而這邊我把上面提到的指標都列出來，但真正使用上還是看使用情境。

Auto Scaling 群組的平均 **CPU** 使用率，這邊以 CPU 50% 為例子：

```
asg.scaleOnCpuUtilization('CpuUtilization', {
  targetUtilizationPercent: 50
});
```

Auto Scaling 群組在所有網路界面上收到的平均位元組數與 **Auto Scaling** 群組在所有網路界面上傳送出去的平均位元組數，這邊以 10 MB/s 為例子。

```
asg.scaleOnIncomingBytes('IncomingBytes', {
  targetBytesPerSecond: 10 * 1024 * 1024
});
asg.scaleOnOutgoingBytes('OutgoingBytes', {
  targetBytesPerSecond: 10 * 1024 * 1024
});
```

Application Load Balancer 目標群組中每個目標的請求完成數，這邊以 RPS 1000 為例子。

```
asg.scaleOnRequestCount('RPS', {
  targetRequestsPerSecond: 1000
});
```

排定擴展假設我們知道服務的高峰在早上 9:00 會有一波人潮湧入，離峰在晚上 7:00。那就可以設定兩條規則，早上 8:00 開始把機器準備到一定的數量面對流量，而這邊以 6 台做為例子；晚上 8:00 把機器下降到一定的數量來節省費用，這邊以 3 台做為例子。而這邊要注意預設是使用 UTC+0 的時間換成台灣時間要記得 +8 不然時間就錯了。

```
asg.scaleOnSchedule('PrescaleInTheMorning', {
  schedule: autoscaling.Schedule.cron({ hour: '8', minute: '0' }),
  minCapacity: 6,
});
asg.scaleOnSchedule('AllowDownscalingAtNight', {
  schedule: autoscaling.Schedule.cron({ hour: '20', minute: '0' }),
  minCapacity: 3
});
```

程式都改完成就可以使用 cdk deploy 來部署看看結果了。

```
$ cdk deploy
# 中間省略

Outputs:
CdkEc2WebStack.BastionHostBastionHostIdC743CBD6 = i-039ab728e3749c2e2
CdkEc2WebStack.PHPInfo = http://CdkEc-LB8A1-1KVYS0CE9AY10-179418883.us-
west-2.elb.amazonaws.com/phpinfo.php
# 以下省略
```

首先先打開 http://CdkEc-LB8A1-1KVYS0CE9AY10-179418883.us-west-2.elb.amazonaws.com/phpinfo.php 可以看到 PHP 測試頁面部署完成，而我們可以對它做多次重新整理，可以發現每次看到的 System 都不一樣而且都是不同的內網 IP 證明系統的負載平衡是設定完成並且有對接成功的。

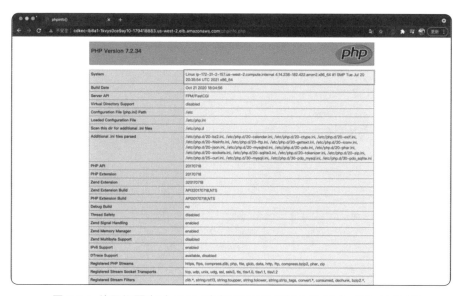

▲ 圖 5-34 使用網頁查看 PHP 測試頁面可以看到內網 IP 為 172.31.2.157

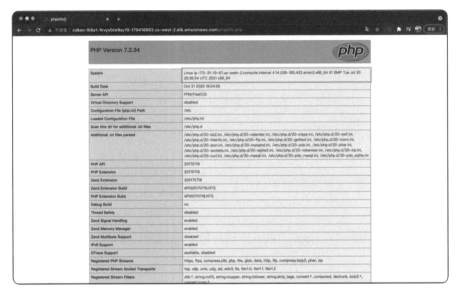

▲ 圖 5-35 使用網頁查看 PHP 測試頁面可以看到內網 IP 為 172.31.19.67

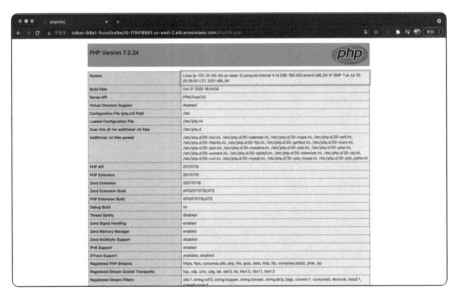

▲ 圖 5-36 使用網頁查看 PHP 測試頁面可以看到內網 IP 為 172.31.63.54

確定完網頁正確之後我們可以使用 Bastion Host 的 Instance ID 進入 Bastion Host，
測試看看是否可以使用 Bastion Host 連線到內網裡面的 EC2 Instance。

```
$ s ssh -A ec2-user@i-039ab728e3749c2e2
Add public key /Users/user/.ssh/id_rsa.pub to instance i-039ab728e3749c2
e2 for 60 seconds
Start ssm session to instance i-039ab728e3749c2e2
Last login: Sun Aug  8 16:46:51 2021 from localhost


     __|  __|_  )
     _|  (     /   Amazon Linux 2 AMI
    ___|\___|___|


https://aws.amazon.com/amazon-linux-2/
[ec2-user@ip-172-31-20-137 ~]$ ssh ec2-user@172.31.63.54
Last login: Sun Aug  8 16:47:30 2021 from ip-172-31-20-137.us-west-2.
compute.internal


     __|  __|_  )
     _|  (     /   Amazon Linux 2 AMI
    ___|\___|___|


https://aws.amazon.com/amazon-linux-2/
[ec2-user@ip-172-31-63-54 ~]$
```

另外可以開啟 AWS Console 查看目前這個 Auto Scaling groups 的 Details，可以看
到 Minimum capacity 與 Maximum capacity 與我們程式指定的一樣。

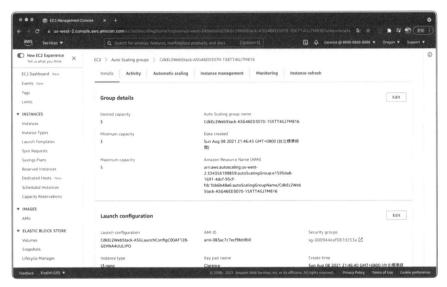

▲ 圖 5-37　AWS Console 查看 Auto Scaling groups 的 Details 設定

auto scaling 可以到 Automatic scaling 裡面看到剛剛設定的四個條件。

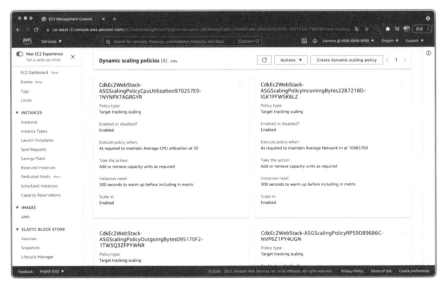

▲ 圖 5-38　AWS Console 查看 Auto Scaling groups 的 Automatic scaling
　　　設定可以看到 Dynamic scaling 條件有四項

Scheduled 部分分別是 8:00 與 20:00 會對 Minimum capacity 做修正。

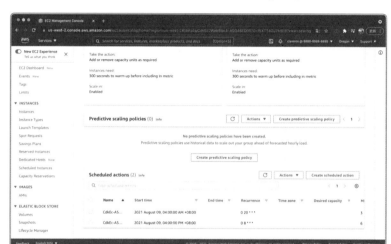

▲ 圖 5-39　AWS Console 查看 Auto Scaling groups 的 Automatic scaling
　　　　 可以看到 Scheduled 設定

最後可以到 Instance management 看到三台 EC2 Instance 被此 Auto scaling group
管理。

▲ 圖 5-40　AWS Console 查看 Auto Scaling groups 的 Instance management
　　　　 有四台機器被管理

5.7 本章小結

以上就是本章節介紹使用 AWS CDK 部署可自動擴展的 LAMP 伺服器叢集。在本章介紹了許多不同機器部署的方法與進入機器的驗證方法,從簡單的 SSH 方法到現在比較安全的 SSM,各種方法都是為了讓我們的整個系統架構變得更安全。有仔細閱讀的讀者可以努力改善一下目前的系統架構。

在實務上應該多數公司會使用本章的方法做系統架構,因為傳統的部署方式中大家還是比較喜歡可以隨時進入機器的部署方法,而且以效能上來說把程式直接放入機器裡面效能是最好的。然而用此方式建置系統還是有很多人工管理系統的需求,所以現在多數系統已經開始使用 Container 形式來部署了。使用 Container 的好處是可以減少更多的人工犯錯的機會,Container 如果指標偵測不健康就直接把它丟掉換一台新的,而且它的啟動速度很快在快速部署中可以更敏捷的更新系統,所以下一個章節就來介紹如何使用 AWS CDK 部署 Amazon Elastic Container Service(Amazon ECS)。

本段落範例程式碼:

https://github.com/clarencetw/cdk-ec2-web

06

使用 AWS CDK 部署可自動擴展的 Amazon Elastic Container Service（Amazon ECS）叢集

6.1 Amazon Elastic Container Service（Amazon ECS）

Amazon Elastic Container Service 通常簡稱它為 Amazon ECS，它是全受管容器協調服務，叢集裡面可以視情況同時使用三種不同的機器做混搭包含 Amazon EC2、Amazon EC2 Spot、AWS Fargate 與 AWS Fargate Spot。作者覺得它是一個蠻好用的服務，如果服務的大小沒有龐大到必要用到 Amazon Elastic Kubernetes Service（Amazon EKS）其實使用 Amazon ECS 是一個更好的選擇，因為 Amazon EKS 的叢集是每小時需要付費的。

▲ 圖 6-1 Amazon Elastic Container Service（Amazon ECS）

6.2 使用 ECS 部署 Web Service

要使用 ECS 部署 Web Service，首先需要一個 VPC 與 ECS Cluster，然後會在 ECS 建立 Task。Task 裡面會設定要部署的 Docker[1] 資訊，包含參數、Docker Registry 需要的記憶體與 CPU。之後會使用 Service 把 Task 開起來設定期望的數量，最後再搭配 Auto Scaling 就可以製作一個高可用性的 Container Service 了。因此我們的目標雲端架構圖會如圖 6-2（此架構使用 Fargate，因此不會看到 EC2 Instance）。

1　https://www.docker.com/

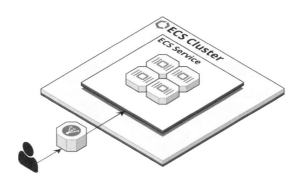

▲ 圖 6-2 Amazon ECS 服務架構圖

6.2.1　使用 Amazon EC2 與 Amazon EC2 Spot 部署 ECS Cluster

在第一個範例先使用 EC2 與 EC2 Spot 來做 Cluster 的部署，通常會使用 EC2 直接部署 ECS 的使用者是比較有進入機器需求的使用者，因為使用 EC2 讓它加入 ECS Cluster 的機器我們是可以使用 SSH 進入 EC2 裡面的。雖然以 Container 的使用情境來說是不建議使用者直接進入機器裡面的，因為人工介入就會有比較多的失誤我們應該減少人為進入機器的狀況。為了方便了解 CDK 的使用方法本書把 ECS 部署的方法做一個切割，本小節先說明如何把 EC2 機器註冊到 ECS Cluster 架構如圖 6-3。

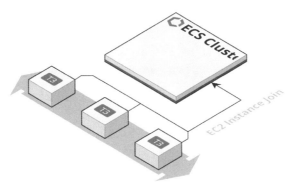

▲ 圖 6-3 Amazon ECS Cluster 單純註冊 EC2 Instance 架構圖

創建專案一樣用簡單的方法帶過，如果有興趣可以翻閱前面的章節會有詳細的介紹。

```
$ mkdir cdk-ecs-web && cd cdk-ecs-web
$ cdk init --language typescript
```

首先開啟 bin/cdk-ecs-web.ts 把 14 行解除註解。

```
env: { account: process.env.CDK_DEFAULT_ACCOUNT, region: process.env.
CDK_DEFAULT_REGION },
```

新增這次要使用的 module 記得要使用 npm install 把它們都裝起來。

```
import * as ec2 from '@aws-cdk/aws-ec2';
import * as ecs from "@aws-cdk/aws-ecs";
import * as autoscaling from "@aws-cdk/aws-autoscaling";
```

新增 VPC 與 ECS Cluster，這邊新增的 Cluster 只需要指定 VPC 就可以，到時候可以在 AWS Console 看到它。

```
const vpc = new ec2.Vpc(this, 'VPC', { natGateways: 1 });
const cluster = new ecs.Cluster(this, "EcsCluster", { vpc });
```

這次範例因為要使用兩種不同的 EC2 Instance，所以會有兩種看起來相似的部署，在使用上可以依照需要保留一個就好或是看看怎麼混搭比較符合需求。

首先是 Spot EC2 比較特別的地方是需要指定 Spot 的價錢，通常我的做法是會去尋找某個機器等級價錢再把它填上去，總不可能選 Spot 就是要省錢還讓它比 On-Demand 還貴吧！然後在 Auto Scaling Group 的地方一樣填上最大想要的機器數量與最小想要的機器數量。

而在 ECS 設定上比較感興趣的參數是 spotInstanceDraining: true，它其實是一個在 2019/09/27[2] 推出的一個功能。它可以自動的處理 Spot ECS 要被收回的流程，盡量的減少 Spot 版本 EC2 停止造成的服務中斷。使用過 Spot EC2 的使用者都知道 Spot 在要被收回機器的前兩分鐘會收到通知，而啟動了這個功能 Spot 機器在收到了兩分鐘的通知後會在 ECS 上面設定自己的狀態為 " **耗盡** "。這時候 ECS 上面的 Task 與排程會開始關閉並且做對應的處理，例如 Service 有對接 Load Balance 就會開始觸發 Target group 移除這個連線，同時新的 Task 也會在別台機器開啟並且註冊到 Target group 這一連串的自動化流程可以更安全的處理我們的服務。

之後把創建好的 spotCapacityProvider 加入 Cluster 就可以把機器加入 Cluster 了。

```
const spotAutoScalingGroup = new autoscaling.AutoScalingGroup(this,
  'spotASG',
  {
    vpc,
    instanceType: new ec2.InstanceType('t3.medium'),
    machineImage: ecs.EcsOptimizedImage.amazonLinux2(),
    minCapacity: 0,
    desiredCapacity: 1,
    maxCapacity: 6,
    spotPrice: '0.0416'
  });
const spotCapacityProvider = new ecs.AsgCapacityProvider(this,
  'spotAsgCapacityProvider',
  {
    autoScalingGroup: spotAutoScalingGroup,
    spotInstanceDraining: true,
```

2　https://aws.amazon.com/tw/about-aws/whats-new/2019/09/amazon-ecs-supports-automated-draining-for-spot-instances-running-ecs-services/

```
  });
cluster.addAsgCapacityProvider(spotCapacityProvider);
```

說完了 EC2 Spot 來說明 On-Demand EC2 的創建方法，在 Auto Scaling Groups 設定最大的差別就是沒有 spotPrice 因為 On-Demand 機器不需要指定價錢，而在 ecs. AsgCapacityProvider 上面也沒有 spotInstanceDraining 的設定，其他部分都與 EC2 Spot 一樣。

```
const autoScalingGroup = new autoscaling.AutoScalingGroup(this, 'ASG', {
  vpc,
  instanceType: new ec2.InstanceType('t3.micro'),
  machineImage: ecs.EcsOptimizedImage.amazonLinux2(),
  minCapacity: 0,
  desiredCapacity: 1,
  maxCapacity: 6,
});
const capacityProvider = new ecs.AsgCapacityProvider(this,
  'AsgCapacityProvider',
  {
    autoScalingGroup,
  });
cluster.addAsgCapacityProvider(capacityProvider);
```

都寫完之後一樣使用 cdk deploy 執行部署它需要跑滿久的，因為除了建立 VPC 還要創建 ECS Cluster 與建立 EC2 Instance。

部署後可以到 AWS Console 的 Elastic Container Service[3] 頁面查看部署狀況，因為目前裡面沒有塞 Service 與 Task 所以目前並不會看到 EC2 的數量。

3　https://us-west-2.console.aws.amazon.com/ecs/

▲ 圖 6-4 AWS Console 查看 Elastic Container Service Clusters 狀態

再來可以到 EC2 的 Launch configurations 看到有兩個設定分別是 ASG 與 spotASG，它們分別對應了兩個不同的 Instance type 與我們 CDK 設定的是一樣的。

Launch configurations 是用來管理 ASG 的機器設定的裡面包括 AMI、Instance type 與 Security groups 等等，簡單來說就是每台用 ASG 開啟機器的初始設定，進入可以看到詳細的設定。

▲ 圖 6-5 AWS Console EC2 查看 Launch Configurations

在 EC2 的 Auto Scaling groups 可以看到兩個 ASG 分別綁定兩個不一樣的 Launch template。

▲ 圖 6-6 AWS Console 查看 Auto Scaling groups

再來進入 ASG 裡面可以看到我們剛剛設定的 Maximum capacity 數字為 6 與 Instance type 為 t3.micro。

▲ 圖 6-7 AWS Console 查看 Auto Scaling groups 的 Details

而這邊比較有趣的是 CDK 會幫我們加入一條 Automatic scaling 的擴展條件，可以看到它會去觀察 CapacityProviderReservation 的這個 metric 如果平均在 100 的時候動作，我們可以進入 CloudWatch 近一步觀察它做了什麼。

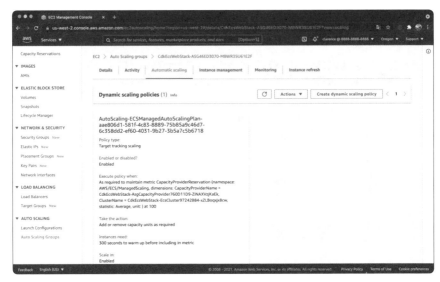

▲ 圖 6-8 AWS Console 查看 Auto Scaling groups 的 Automatic scaling

在 CloudWatch 可以看到它有兩條規則，一條是 AlarmLow、一條是 AlarmHigh。
AlarmLow 在 15 分鐘內 CapacityProviderReservation 小於 100 超過 15 次的時候，
會做一個減少機器數量的動作。

▲ 圖 6-9 AWS Console 查看 CloudWatch 的 AlarmLow

而 AlarmHigh 在 1 分鐘內 CapacityProviderReservation 大於 100 超過 1 次的時候
會做一個增加機器數量的動作，可以觀察出在擴展機器上是屬於一個比較大膽的
調整而減少機器是比較謹慎的。這是因為在擴展上是馬上需要機器不能等太久，
而在減少機器上要確定目前的容量是可以負荷目前的流量，不可以隨意的把機器
移除造成服務中斷或是不順暢，因此可以看到 CDK 幫我們做了一個一般情境下
最適合的設定。

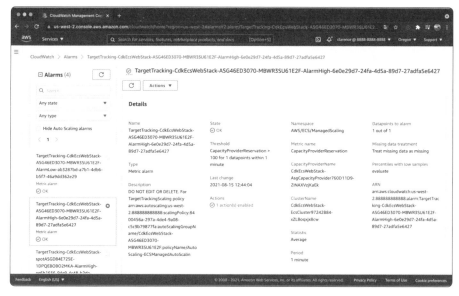

▲ 圖 6-10 AWS Console 查看 CloudWatch 的 AlarmHigh

6.2.2 使用 Amazon EC2 與 Amazon EC2 Spot 部署 ECS Task 與 Service

有了 ECS Cluster 後我們就可以在 Cluster 上面增加服務了，而要增加服務需要兩
樣東西一個是 Task 一個是 Service，我們會在 Task 裡面新增 Container 指定開它需
要的 image 與 memory 大小，而 Task 裡面可以新增多個 Container 依照需求決定
它的架構不過範例以一個為主。

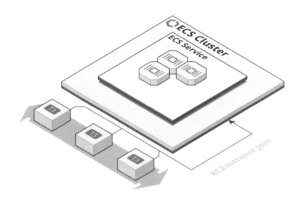

▲ 圖 6-11 Amazon ECS Cluster 部署 Service 與 Task 架構圖

說完了架構就開始新增 Task 吧！首先我們要新增一個 Task Definition 與新增一個 Container 到剛剛的 Spot 機器上面，在這邊指定 image 使用 Docker Hub 的 amazon/amazon-ecs-sample[4]。它是 CDK 用來測試 AWS ECS 的範例，有興趣看 Source Code 也可以到 GitHub Repo[5] 看看這個 Docker 寫了什麼。指定它的記憶體使用 256 MB，而我通常會使用 AWS Log 來紀錄 Container 的 Log 讓我在查詢機器狀態的時候比較方便。設定後可以在 CloudWatch 看到它的格式[6] 為 "prefix-name/container-name/ecs-task-id"。

```
const taskDefinition = new ecs.Ec2TaskDefinition(this, 'TaskDef');

taskDefinition.addContainer('web', {
  image: ecs.ContainerImage.fromRegistry('amazon/amazon-ecs-sample'),
  memoryReservationMiB: 256,
  portMappings: [{ containerPort: 80 }],
  logging: ecs.LogDrivers.awsLogs({ streamPrefix: 'web' })
});
```

4　Docker Hub：https://hub.docker.com/r/amazon/amazon-ecs-sample

5　GitHub Repo：https://github.com/aws-samples/ecs-demo-php-simple-app

6　https://docs.aws.amazon.com/cdk/api/latest/docs/@aws-cdk_aws-ecs.AwsLogDriverProps.html

Tips Container Image 的選擇

除了範例使用的 Docker Hub Public Registry，Container Image 還有多種可以選擇：

● Docker Hub Private Registry：

假設我們在 Docker Hub 有 Private 的 Docker Image 可以直接設置 credentials 加入 secret 如此我們的 Task 就可以直接抓取它了。

```
ecs.ContainerImage.fromRegistry('amazon/amazon-ecs-sample', {
  credentials: "secret"
})
```

● ECR Registry：

如果有在自己的帳號上傳 Docker Image 到 ECR 上面就可以使用。

```
import { Repository } from '@aws-cdk/aws-ecr';
ecs.ContainerImage.fromEcrRepository(new Repository(this, "ECRImage"))
```

● 使用本地 Dockerfile：

如果有本地有 Dockerfile 想要使用本地主機建立映像檔就可以使用此方法，此方法會使用本機建立映像檔後上傳映像檔置 ECR，而 task 就可以使用此 Docker Image 了。

```
ecs.ContainerImage.fromAsset(path.join(__dirname, 'image'))
```

● 使用 Asset：

如果是跨檔案的使用情境就可以使用此方法，我們可能在別的檔案已經使用 DockerImageAsset 處裡過 docker，那我們就可以使用 fromDockerImageAsset 取得 Image Asset 使用它。

```
import { DockerImageAsset } from "@aws-cdk/aws-ecr-assets";
const image = new DockerImageAsset(this, 'ImageAsset', {
    directory: path.join(__dirname, 'image')
});
const image = ecs.ContainerImage.fromDockerImageAsset(image);
```

● 使用壓縮檔 .tar.gz：

   如果已經使用 docker 把 image 壓縮成 .tar.gz 就可以使用此方法把 docker
   放進 Task 使用。

```
ecs.ContainerImage.fromTarball(
  path.join(__dirname, './image.tar.gz')
)
```

設定完 Task 後就可以把上面設定的 Task 加入 Service 了，而設定 Service 第一件
事情就是把 Service 放到 Cluster 內，這時候就可以把前一個小節建立的很辛苦的
Cluster 拿來用。一個專案裡面也是可以開多個 ECS Cluster 的，可以因為架構需要
來調整它，不一定要把所有的 Service 塞在同一個 ECS Cluster 內。

依照目前的需求我們需要使用 EC2 與 Spot EC2 做混搭。如果是已經使用 ECS
很久的使用者通常我們直覺會開多個 Service 並且使用 desiredCount 來決定每
個 Service 的期望值，也就是指定不同的機器種類在不同的 Service 需要開多少
Container。然而這種方法不夠彈性而且在設定上需要控制多個 Service 也變麻煩
的，AWS 在 2019/12/03 推出了一個新的容器管理方法 Capacity Providers[7] 來解決
這個問題。使用此方法不僅可以讓 EC2 與 Spot EC2 做混搭的時候更簡單配置，

---

7 https://aws.amazon.com/tw/about-aws/whats-new/2019/12/amazon-ecs-capacity-providers-now-
   available/

還可以把 Fargate 一起放進來做混搭（Fargate 會在後面的章節提到），讓整個配置變得更彈性。

而為什麼這個 Capacity Providers 可以讓我們在設定上變得更彈性呢？其實是因為 ECS Cluster Auto Scaling 的功能；在沒有 ECS Cluster Auto Scaling 功能的時候我們的擴展指標通常會使用 EC2 的 CPU 來當基準，而這個方法在有些情境下其實不一定太精準，有時候為了容錯率會多開 EC2 造成成本稍微提高。而 ECS Cluster Auto Scaling 就可以解決這個問題，它可以依照目前的數量一起管理 ASG 讓整個 ASG 與 ECS Service 做密切的配合。

在 AWS CDK 設定上其實很簡單，我們只要把上一個小節設定的 AsgCapacityProvider 放入 capacityProviderStrategies 並且指定 weight（權重）就可以完成設定了。因為成本考量通常 Spot 機器的容量我們會給它比較大的權重，而基於 Spot 機器會被收走或是可能開不到的特性我們還是需要保底的機器來支撐我們的服務。因此會給予 On-Demand 機器的權重比較小，確保整個服務在搶不到機器的情況下還是可以正常運行。

通常 desiredCount 是可以不用指定讓它自動調整，不過為了要在測試的時候可以看到 On-Demand 機器也開出來所以就設定它為 3，符合整個設計的權重。整個 Service 寫好如下：

```
new ecs.Ec2Service(this, 'EC2Service', {
  cluster,
  taskDefinition,
  desiredCount: 3,
  capacityProviderStrategies: [
    {
      capacityProvider: spotCapacityProvider.capacityProviderName,
      weight: 2,
    },
    {
```

```
      capacityProvider: capacityProvider.capacityProviderName,
      weight: 1
    }
  ],
});
```

寫好後使用 cdk deploy 來部署。

部署成功後可以先到 AWS EC2 看看目前 EC2 開啟的情形，一開始我們會看到 4
台 EC2 分別是 ASG 與 Spot ASG 各兩台，這是因為在一開始為了要可以應付突如
其來的需求，所以 ASG 會直接開啟兩台來補足容量，平衡後就會看到機器數量
變正常了。

▲ 圖 6-12 AWS Console 查看 EC2 與 Spot EC2 因為 ASG 觸發開啟四台機器

之後我們到 ECS Cluster 的 Service 查看我們建立的 EC2Service，可以在 Tasks 裡面
看到目前有 3 個 Task 被建立起來，而且它們的權重是 2：1，要看到詳細資料可
以分別點選下方的 Task 把它們都打開來。

▲ 圖 6-13 AWS Console 查看 ECS Service

點開後可以看到 Task ID 8c18cf 的 Capacity provider 為 Spot ASG 代表這個 Task 是
跑在 Spot 的機器上面。

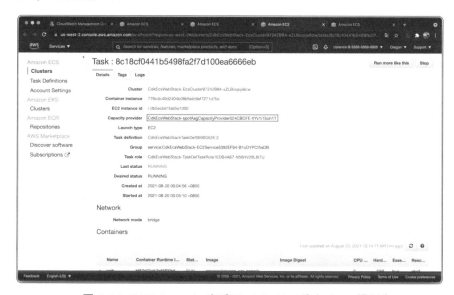

▲ 圖 6-14 AWS Console 查看 Task 8c18cf 跑在 Spot 機器上

另外可以看到 Task ID bd8ac 的 Capacity provider 也是 Spot ASG 代表這個 Task 也是跑在 Spot 的機器上面。

▲ 圖 6-15 AWS Console 查看 Task bd8ac 跑在 Spot 機器上

最後看到 Task ID 20e53 的 Capacity provider 為 On-Demand 版本的 ASG，由此可以看到 3 個 Task 有依照我們的想法分別跑在不一樣的 EC2 上面，另外可以查看 Logs 的部分。

▲ 圖 6-16 AWS Console 查看 Task 20e53 跑在 Spot 機器上

點開可以看到這個 Task 開啟之後吐出的 Logs，它是一個用於 Debug 非常方便的一個工具，而且每個 Task 都是獨立的可以讓整個 Log 查詢變得更順暢。

▲ 圖 6-17 AWS Console 查看 Task 的 Log

而這個 Logs 其實它是存放在 CloudWatch 的 Log groups 的，如果需要更多的查詢功能可以直接到 CloudWatch 裡面使用，而我們可以看到 Log stream 的名稱就是上面的 Task ID。

▲ 圖 6-18 AWS Console 查看 CloudWatch 的 Log events

最後回來 EC2 的頁面可以看到目前的 EC2 Instance 在平衡之後變成了 2 台，而為什麼變成兩台可以到 ASG 裡面看一下到底發生什麼事情。

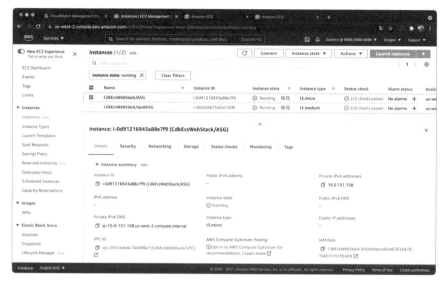

▲ 圖 6-19 AWS Console 查看 EC2 數量被改為 2 台

開啟 ASG 後我們可以看到 On-Demand 版本的 ASG 因為平衡後把 EC2 數量從 2 改為 1。

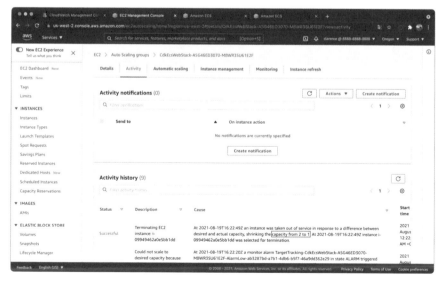

▲ 圖 6-20 AWS Console 查看 ASG 修改 EC2 數量從 2 改成 1

另外我們再看看 Spot 版本的 ASG 可以看到它也因為系統平衡後把 Spot EC2 數量從 2 改成 1。

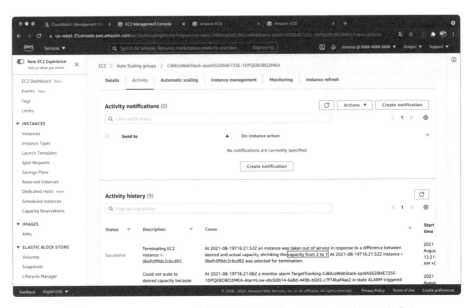

▲ 圖 6-21 AWS Console 查看 ASG 修改 Spot EC2 數量從 2 改成 1

以上就是 ECS Cluster 把 Service 與 Task 串接起來的方法，不過到這邊只能看到數量的變化並沒辦法測試，所以我們下一步要把它串接到 Load Balancer 上面。

6.2.3 使用 Amazon EC2 與 Amazon EC2 Spot 部署 ECS Web 服務

說完了 Service 與 Task 的使用方法後，下一步就是要測試這個 Web 服務了。而因為這個服務在內網所以要測試就一定要把它串接到 Load Balancer 上面才可以測試，要串接 ECS 到 Load Balancer 上面其實非常簡單。這個小節就來介紹如何把服務串接到 Load Balancer，因此我們實作的架構如圖 6-22。

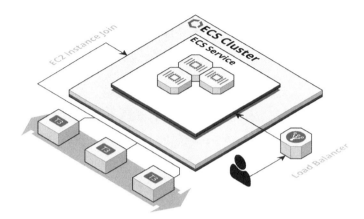

▲ 圖 6-22 Amazon ECS Cluster 部署 Service 與 Task 串接 Load Balancer 架構圖

首先放入 ALB 需要用的 module。

```
import * as elbv2 from '@aws-cdk/aws-elasticloadbalancingv2';
```

之後設定一個 ALB 與建立 80 Port 的 Listener 與 Target Group，而 Target 的部分可以直接把 Service 的部分塞入就可以了。整個寫起來非常簡單，不過這邊有一點要非常注意那就是 Listener 的地方，CDK 這個部分沒有自動幫我們處理所以我們需要自己處理，而這個地方為什麼需要自己處理呢？

我們可以思考一個問題，在第五章的 ASG 與 EC2 串接一個 Target Group 與一台 EC2 是 1：1 的關係，因為一個 Port 只能給予一個 Process 使用。如果我們想要在一台 EC2 上面開兩個一樣的 Process 使用一樣的 Port 這件事情是沒辦法達成的，這時候一定就要換不一樣的 Port 來開啟新的 Process 再另外設定註冊上 Target Group，在這樣的思考模式下我們現在一台 EC2 裡面啟動多個 ECS Service 理論上是不是也需要另外處理 Target Group 的註冊呢？其實是不用的。在這邊 AWS ECS 提供一個暫時性連接 Port 的功能來處理這件事情，它的原理是每一個 Task 跑起來的時候會取得一個暫時性的連接 Port，而我們使用這個 Port 來跟主服務溝通。以當前的範例來說我們啟用了一個 Web 服務，它是使用 80 Port 來服務的，而它啟動後 ECS 會給它一個暫時性的連接 Port，假設是 49153 Port，那 Docker 就會把 49163 與 Container 的 80 Port 連再一起。如此我們連到 EC2 的 49163 是不是就代表連接到 Web 服務了呢？而 ECS 就是使用此種方法讓一台 EC2 可以開啟多個服務的。

而設定方法其實就是 Task 的 Network Mode 保持預設，它的預設值是 Bridge EC2，如此的設定方法就可以使用暫時性連接 Port 的功能了。說了這麼多後，要來說明這個 Port 的範圍。參考 AWS ECS 的 PortMapping[8] 文件，可以看到暫時性連接 Port 範圍為 49153 ~ 65535，而低於 32768 的 Port 並不會在暫時性連接 Port 範圍，所以依照這個規則就可以設定一對 Security Group 來處理這個規則。

- Auto Scaling Group EC2：Inbound 32768 ~ 65535
- Application Load Balancer Listener：Outbound 32768 ~ 65535

綜合以上的說明寫成 CDK 結果如：

```
const lb = new elbv2.ApplicationLoadBalancer(this, "LB", {
  vpc,
  internetFacing: true,
});
const listener = lb.addListener("Listener", { port: 80 });
listener.addTargets('web', {
  port: 80,
  targets: [service],
});
listener.connections.allowTo(
  spotAutoScalingGroup,
  ec2.Port.tcpRange(32768, 65535)
)
listener.connections.allowTo(
  autoScalingGroup,
```

---

8 https://docs.aws.amazon.com/zh_tw/AmazonECS/latest/APIReference/API_PortMapping.html

```
    ec2.Port.tcpRange(32768, 65535)
)
```

說得很複雜不過寫起來非常簡單，寫完之後就直接執行 **cdk deploy** 來部署看看結果。

```
$ cdk deploy
# 中間省略

Outputs:
CdkEcsWebStack.WebURL = http://CdkEc-LB8A1-1J5KR7WU29F2L-1629910582.us-
west-2.elb.amazonaws.com/
# 以下省略
```

部署成功後，首先我們先打開 AWS Console 的 EC2 Target groups，可以看到有 3 台機器是 "Healthy" 並且使用的是 HTTP 協定與標準的 80 Port。

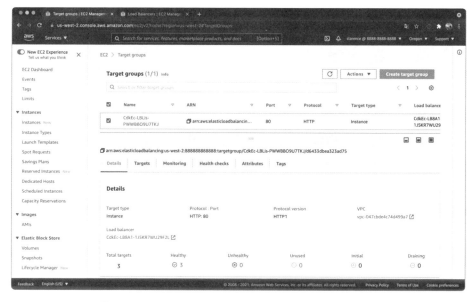

▲ 圖 6-23 AWS Console 查看 ECS 註冊的 Target groups

再來打開 Targets 可以看到目前有三台機器被註冊上來，並且是使用暫時性連接 Port 的方式被註冊，分別是：

- 兩台 Spot ASG 管理的 EC2
- 一台 ASG 管理的機器

可以看到它們的 Port 分別是 32789、32791 與 32831，基本上這邊不用理它開什麼 Port 反正看到健康偵測的部分是 "healthy" 就可以了，剩下就交給 Target group 與 ASG 去處理就好。

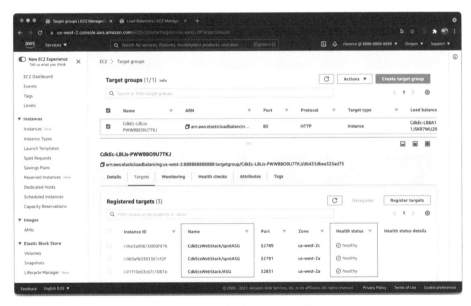

▲ 圖 6-24 AWS Console 查看 ECS 註冊的 Target groups

再來可以到 Health checks 看到預設的健康檢查方法是發請求給 "/"，並且請求結果的回應需要為 200，用它來當成這個 Container 健康的依據。意思就是說如果現在 Target group 戳我們的 "/" 有請求沒有回應的問題，或是回應不是 HTTP 200 的時候就會判斷這個 Container 不健康，開始執行更換新的 Container 的動作。

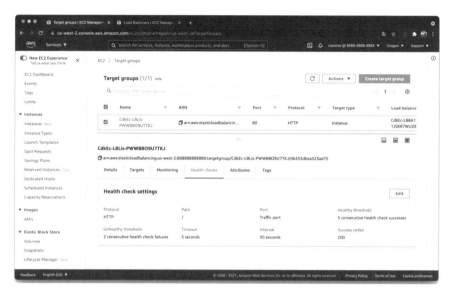

▲ 圖 6-25 AWS Console 查看 ECS Target groups 健康偵測的設定

之後到 EC2 Load Balancer 找一下 Security groups。

▲ 圖 6-26 AWS Console 查看 EC2 的 Load Balancer 的資訊

我們可以在 Load Balancer 的 Security groups 看到兩條 Outbound rules 就是剛剛 說明的 32768 ~ 65535 Port，而為什麼是兩筆呢？是因為它分別開給 ASG 與 Spot ASG 的 Security Group。

▲ 圖 6-27 AWS Console 查看 EC2 的 Load Balancer 的 Security groups

而剛剛有說過 32768 ~ 65535 Port 的 Security group 是一對的，所以我們可以在 ASG 控管的機器上使用的 Security group 看到 Inbound rules 32768 ~ 65535 Port。

▲ 圖 6-28 AWS Console 查看 ASG 控管機器的 Security groups

另外看到 Spot ASG 控管的機器上也可以看到 Inbound rules 32768 ~ 65535 Port

▲ 圖 6-29 AWS Console 查看 Spot ASG 控管機器的 Security groups

最後我們可以打開 Load Balancer 的網址看到服務已經被正常的部署上網頁了！

▲ 圖 6-30 網頁查看 Load Balancer 部署的 Sample PHP App

以上就是 ECS 使用 EC2 Instance 架構 Web 服務的方法，而現在新系統其實大家普遍比較喜歡使用 Fargate 來架設 ECS，所以下一小節就來介紹如何使用 ECS 配合 Fargate 架設服務。

6.2.4 使用 AWS Fargate 與 AWS Fargate Spot 部署 ECS Web 服務

AWS Fargate 是一個無伺服器運算引擎，它可以用來搭配 Amazon ECS 執行容器而且不需要管理 Amazon EC2 執行個體的伺服器，它有許多好處我們就來一起看看吧！

6.2.4.1 ECS 使用 AWS Fargate 的好處

■ 不用維護系統底層：
我們完全沒辦法碰到 Amazon EC2 執行個體，所以說系統底層方面完全都由 AWS 團隊來負責處理，他們會確保我們的伺服器底層是穩定而且是安全的（自己管理的 Amazon EC2 需要定時去處理系統升級與安全更新）。

■ 不用管理 Amazon ECS Container Agent：

使用 Fargate 除了不用維護系統底層，另外一個是 ECS Container Agent 的部分。EC2 上要支援 ECS 需要跑 Amazon ECS Container Agent 而它會有版本更新[9]（如圖 6-31 左下角），如果要手動更新就需要用右上角的 Update agent 去更新，在更新的時候 ECS 會把目前這台機器上所有的 Container 轉移到正常的 EC2 上面，不過還是要注意負載的部分會不會有服務不穩定的問題。如果使用 AWS Fargate 就不用擔心這件事情，因為 AWS 團隊會負責處理。

▲ 圖 6-31 Amazon ECS 查看 Container Agent 版本

■ 不會有資源浪費：

自己維護 Amazon EC2 執行個體還會遇到資源浪費的問題，假設一台機器有 100 vCPU 而今天全部的 ECS Container 只用到了 80 vCPU，但是因為需要預留資源確保系統穩定剩下的 20 vCPU 還是需要付費的。而使用 Fargate 就沒有這個

---

9 https://docs.aws.amazon.com/zh_tw/AmazonECS/latest/developerguide/ecs-agent-versions.html

問題，因為 Fargate 計價是以這個服務需要的 vCPU 與記憶體計價的，用多少拿多少減少資源浪費，不過它的價錢其實比 Amazon EC2 執行個體高了一點。

6.2.4.2 ECS 使用 AWS Fargate 的壞處

- 無法支援 GPU：
  目前 Fargate 是沒有辦法取得 GPU 資源的，如果我們今天需要使用到 ECS Container 並且需要使用 GPU，那 Fargate 就不是一個選項。我們勢必還是只能使用 Amazon EC2 執行個體的 p2、p3、g3 和 g4 執行個體類型才可以取得 GPU 資源。

- 無法調整 Amazon EC2 執行個體：
  有些使用者可能因為某些需求需要調整系統參數進行系統調校，像是系統的底層參數。因為我們碰不到 Amazon EC2 執行個體，所以這部分是沒辦法調整的。不過總體來說 Amazon 已經有對系統做基本的優化了，如果沒有特別的需求其實應該不太需要調整。

介紹完使用 Fargate 的好處與壞處，那我們來修改一下原本的程式讓它從 Amazon EC2 改成使用 Fargate 吧！因為使用 Fargate 並不需要控制 EC2，所以在程式撰寫上也會有種變簡單的感覺。

移除原本的 AutoScalingGroup 因為我們現在不需要管理 EC2 了，然後修改原本的 Ec2TaskDefinition，基本上 Task Definition 與原本的差不了太多，只是修改一下定義。

Fargate Task Definition 在預設的情況下 CPU 是 256 也就代表是 0.25 vCPU，而 Memory 是 512 也就是 0.5 GB 的記憶體。如果預設設定不滿足需求可以修改，不過要注意並不是隨意填寫都可以使用，這邊有些既定的限制如下：

- 256（0.25 vCPU）：可以使用的記憶體大小 - 512（0.5 GB）、1024（1 GB）、2048（2 GB）

- 512（0.5 vCPU）：可以使用的記憶體大小 - 1024（1 GB）、2048（2 GB）、3072（3 GB）、4096（4 GB）
- 1024（1 vCPU）：可以使用的記憶體大小 - 2048（2 GB）、3072（3 GB），4096（4 GB）、5120（5 GB）、6144（6 GB）、7168（7 GB）、8192（8 GB）
- 2048（2 vCPU）：可以使用的記憶體大小 - 大於 4096（4 GB）小於 16384（16 GB）但是每次要增加 1024（1 GB）
- 4096（4 vCPU）：可以使用的記憶體大小 - 大於 8192（8 GB）小於 30720（30 GB）但是每次要增加 1024（1 GB）

```
const fargateTaskDefinition = new ecs.FargateTaskDefinition(
  this,
  'TaskDef'
);


fargateTaskDefinition.addContainer('web', {
  image: ecs.ContainerImage.fromRegistry('amazon/amazon-ecs-sample'),
  portMappings: [{ containerPort: 80 }],
  logging: ecs.LogDrivers.awsLogs({ streamPrefix: 'web' })
});
```

再來修改一下原本的 Ec2Service，把它修改成 FargateService 改成 Fargate 使用的 Service 定義方法，而這個地方一樣保留原本的權重 Fargate Spot 機器與 Fargate 比重 2：1。

```
const service = new ecs.FargateService(this, 'FargateService', {
  cluster,
  taskDefinition: fargateTaskDefinition,
  desiredCount: 3,
  capacityProviderStrategies: [
    {
      capacityProvider: 'FARGATE_SPOT',
      weight: 2,
```

```
    },
    {
      capacityProvider: 'FARGATE',
      weight: 1,
    }
  ],
});
```

原本處理 Listener 到 EC2 Security Group 的規則也可以移除了，而 Load Balancer
部分直接把 Fargate Service 對接到原本的 ALB 就完成了，是不是感覺整個 CDK 變
的異常的簡單呢？

修改完成了就可以使用 **cdk deploy** 做部署測試了。

部署成功後先到 ECS Cluster 看 Services 的部分，可以看到原本的 Tasks 與 Services
從 EC2 變成了 Fargate。

▲ 圖 6-32 Amazon ECS 查看 Services 改成了 Fargate

再來到 Tasks 可以看到這次開啟的 Task 都是 Fargate 的 Type

▲ 圖 6-33 Amazon ECS 查看 Tasks 更改成 Fargate type

然後打開 Task 的詳細資料可以看到有一台 Fargate 的機器

▲ 圖 6-34 Amazon ECS 查看 Task 可以看到一台 Fargate 的 Container

與兩台 Fargate Spot 的機器

▲ 圖 6-35 Amazon ECS 查看 Task 可以看到兩台 Fargate Spot 的機器（一）

可以看到它跟我們的權重設定一樣

▲ 圖 6-36 Amazon ECS 查看 Task 可以看到兩台 Fargate Spot 的機器（二）

再來可以到 EC2 的 Target groups 看到在這邊我們的 Port 全部都是 80 Port 這是因為 Fargate 開啟的 Container 每個都有自己的 ENI 介面，所以都可以開在 80 Port 上面就不用跟 EC2 一樣處理 Security Group。

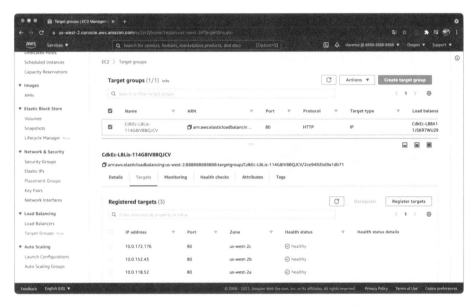

▲ 圖 6-37　Amazon ECS 查看 Container Agent 版本

如此就可以到 Load Balancer 的 Security Group 看到整個變得很乾淨，只需要起 80 Port 就可以了。

▲ 圖 6-38　Amazon EC2 Load Balancer 的 Security Group

最後可以打開網頁看到網頁也是正常的。

▲ 圖 6-39　開啟 Amazon ECS 使用 Fargate 開啟的 Web

6.2.5 使用 AWS Fargate 與 Amazon EC2 Spot 混搭部署 ECS Web 服務

前面説明了兩種機器的部署方法，討論過 EC2 的優勢也討論過 Fargate 的優勢，那我們是不是可以把它們的優點都各取一點來使用這樣系統就可以更彈性了？例如有顯卡運算資源需求的服務就把它掛在 EC2 上面，一般服務可以看要使用 EC2 與 EC2 Spot 搭配或是使用 Fargate 與 Fargate Spot 搭配。排程服務可以跑在 Fargate 上，高流量時段設定 EC2 Spot 或是 Fargate Spot 排程，把每一種服務的優勢都展現出來，把雲端服務做得更穩定來一個混搭（混搭表示把多種服務一起使用）部署。

所以這個小節就來説明怎麼在 CDK 做到混搭部署，首先把「6.2.1 使用 Amazon EC2 與 Amazon EC2 Spot 部署 ECS Cluster」的 AutoScalingGroup 與 AsgCapacityProvider 拿回來使用然後修改一下 FargateTaskDefinition，把它修改成使用 TaskDefinition 定義的部分可以注意到兩點：

- networkMode 使用 AWS_VPC：

  還記得在「6.2.3 使用 Amazon EC2 與 Amazon EC2 Spot 部署 ECS Web 服務」説過部署使用 bridge mode 需要為 EC2 機器多處理 Security Group 其實滿麻煩的，所以這次使用 AWS_VPC mode 就可以把 ENI 網卡直接掛在 Container 上。而實作上是讓 EC2 的機器直接掛載多張 ENI 網卡，並且配給每個 ENI 網卡一個 Private IP 再把它分給 Container 使用。如此 Target Group 就可以直接掛載 Private IP 這樣就不用再另外處理 Security Group 了，因為這段 CDK 會自動幫我們處理。

- compatibility 使用 EC2_AND_FARGATE：

  此參數可以建立一個 EC2 與 Fargate 共同都可以使用的 Task，如此 Service 就可以呼叫同一個 Task 來建立了。

```
const taskDefinition = new ecs.TaskDefinition(this, 'TaskDef', {
  memoryMiB: '512',
```

```
  cpu: '256',
  networkMode: ecs.NetworkMode.AWS_VPC,
  compatibility: ecs.Compatibility.EC2_AND_FARGATE,
});


taskDefinition.addContainer('web', {
  image: ecs.ContainerImage.fromRegistry('amazon/amazon-ecs-sample'),
  memoryReservationMiB: 256,
  portMappings: [{ containerPort: 80 }],
  logging: ecs.LogDrivers.awsLogs({ streamPrefix: 'web' })
});
```

後面修改一下 Service，把 EC2 與 Fargate 的 Service 都放入 Cluster 裡面，在 ECS
裡面 EC2 與 Fargate 沒辦法共用一個 Service，所以需要啟用兩個 Service 來完成。

```
const ec2Service = new ecs.Ec2Service(this, 'EC2Service', {
  cluster,
  taskDefinition,
  desiredCount: 1,
  capacityProviderStrategies: [
    {
      capacityProvider: spotCapacityProvider.capacityProviderName,
      weight:1,
    }
  ],
});
const fargateService = new ecs.FargateService(this, 'FargateService', {
  cluster,
  taskDefinition,
  desiredCount: 2,
  capacityProviderStrategies: [
```

```
      {
        capacityProvider: 'FARGATE_SPOT',
        weight: 1,
      },
      {
        capacityProvider: 'FARGATE',
        weight: 1,
      }
    ],
  });
```

後面修改一下 Load Balancer 在 ALB 的 targets，雖然我們的 Service 分了兩個，不過在這邊 targets 是可以很簡單的放入兩個 Service 的，所以處理起來非常的方便。

```
const listener = lb.addListener("Listener", { port: 80 });
listener.addTargets('web', {
  port: 80,
  targets: [ec2Service, fargateService],
});
```

都修正完之後就可以部署試試看了，這邊可以發現部署出來的 Outputs 會是一樣的，這是因為我們沒有修改 ALB，所以繼續沿用原本的 ALB。

```
$ cdk deploy
# 中間省略

Outputs:
CdkEcsWebStack.WebURL = http://CdkEc-LB8A1-1J5KR7WU29F2L-1629910582.us-
west-2.elb.amazonaws.com/
# 以下省略
```

部署後可以到 ECS，看一下 Service 的 Tasks 可以看到部署了兩台 Fargate 與一台 EC2，然後可以點選左邊的 Task Definition。

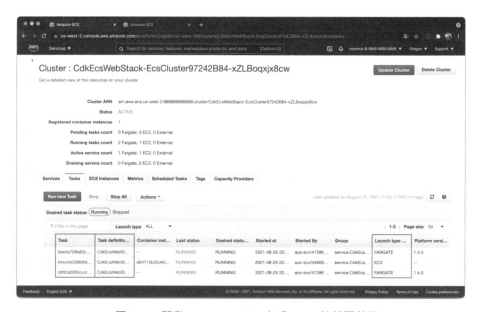

▲ 圖 6-40 開啟 Amazon ECS 查看 Task 的部署狀況

打開 Task Definition 後可以看到這次定義的 Network Mode 是 "awsvpc"，而在 Compatibilities 可以看到這個 Task 為 EC2 與 Fargate 共用的。

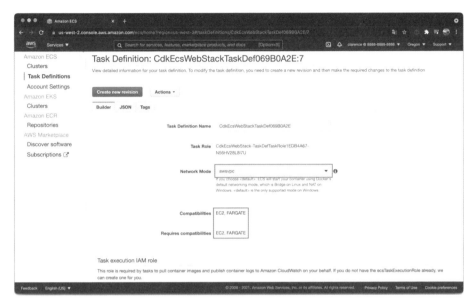

▲ 圖 6-41　開啟 Amazon ECS 查看 Task Definition 看到 Compatibilities
為 EC2 與 FARGATE

再來可以到 EC2 Instances 看到這邊有兩張 ENI 網卡分別綁了兩個不一樣的 Private
IP：

- Task 使用的 ENI：eni-0db4de5a17e565ba6
- Task 使用的 Private IP：10.0.180.109
- EC2 Instance 使用的 ENI：eni-06cafe14e2e08dcf4
- EC2 Instance 使用的 Private IP：10.0.173.168

▲ 圖 6-42 開啟 Amazon EC2 查看 EC2 Instance 掛載多張 ENI

我們可以回 ECS 找到 EC2 Fargate 部署的 Task，可以看到這個 Task 使用了 Private IP：10.0.180.109 與前面一樣，代表它是使用一樣的 ENI。

▲ 圖 6-43 開啟 Amazon ECS 找到使用 ENI 的 Container

而點選上面的 Container instance 可以看到是誰乘載了這個 Task，並且還可以看到它所使用的 Private IP：10.0.173.168。

▲ 圖 6-44 開啟 Amazon ECS 找到 Container Instance 找到 EC2 Instance 使用的 Private IP

並且可以在 EC2 Target group 看到這個 Private IP 被註冊上去，狀態為 healthy。

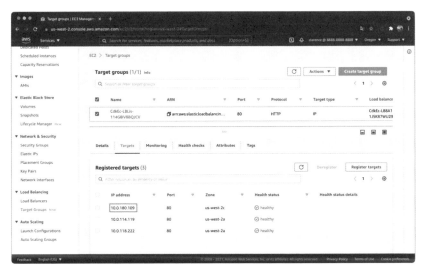

▲ 圖 6-45 開啟 EC2 Target group 看到 Container 的 Private IP 註冊正常

最後可以打開網頁看到服務也是正常的，以上就是使用 EC2 與 Fargate 混搭的方法。

6.3 使用 ECS 部署多 Port 服務

前面的章節都是介紹一個 Container 服務一個 Port，那是不是有一個疑問如果我的 Container 是多個 Port 的服務有辦法用 ECS 嗎？

答案是可以的呦！那是需要開多個 Container 分別註冊不同的 Target Group 嗎？

如果要使用此方法也是可以，不過我想應該比較想要了解的是使用一個 Container 開多個 Port 直接註冊到不同的 Target Group 吧！因為這樣可以節省成本，而且只開一台的時候比較好處理連線，而答案也是可以的呦！所以這章就來說明如何做到這件事情吧！

在這個小節會使用到兩個我做的範例：

- https://github.com/clarencetw/nodejs-web-server
  分別有兩個 API "/env" 與 "/mysql" 它的詳細使用方法下個章節會介紹，在這個章節它用於配合 "clarencetw/docker-nginx-multi-port" 使用。

- https://github.com/clarencetw/docker-nginx-multi-port
  它是一個 Nginx 的範例會開起多個 Port 用於模擬多 Port 程式，它分別開啟：

  - 80
    Nginx 預設測試網頁

  - 8000
    反向代理到 "http://localhost:3000/mysql"

  - 8001
    反向代理到 "http://localhost:3000/env"

而這邊除了模擬 ECS 在一個 Container 可以支援多個 Port 的服務之外，還為一個 Task 可以開啟多個 Container 做範例，通常在一般的使用下我們只會讓一個 Task 跑一個 Container，不過在某些情況下可能會讓它跑多個。以這次的範例來說就是一個很好的例子，我們在一個 Task 裡面可以跑多個後端服務，例如可能有排程、有後端運算與 Log 處理程式，在這種情況下它們就可以直接自己溝通。以這邊的例子來說是：

- NGINX container 8000 -> web server "/mysql"
- NGINX container 8001 -> web server "/env"

有這種思維就可以在 ECS 上面做許多變化，那話不多說先修改一下 Container 的部分，主要就是把 "nodejs-web-server" 開起來並且指定 Container 裡面使用的 Port 是 3000。

```
taskDefinition.addContainer('nodejs-web-server', {
  image: ecs.ContainerImage.fromRegistry('clarencetw/nodejs-web-server'),
  memoryReservationMiB: 256,
  portMappings: [{ containerPort: 3000 }],
  logging: ecs.LogDrivers.awsLogs({ streamPrefix: 'nodejs-web-server' }),
  environment: {
    NODE_ENV: "production",
  },
});
```

而在 Task Definition 裡面要開啟多個 Container 只要簡單的再呼叫一次 addContainer 就可以了，如上面所說因為會開啟 80、8000 與 8001 所以要分別在 containerPort 裡面定義。

```
taskDefinition.addContainer('docker-nginx-multi-port',
  {
    image: ecs.ContainerImage.fromRegistry(
      'clarencetw/docker-nginxmulti-port'
```

```
  ),
  memoryReservationMiB: 256,
  portMappings: [
    { containerPort: 80 },
    { containerPort: 8000 },
    { containerPort: 8001 }],
  logging: ecs.LogDrivers.awsLogs({
    streamPrefix: 'docker-nginx-multiport'
  }),
});
```

而 ALB 的部分因為需要變成多 Port 形式，所以需要對它做一點修改。主要修改的地方是需要加入 containerName 的定義，因為是一個 Container 開多個 Port 的情況。

```
const listener = lb.addListener("Listener", { port: 80 });
listener.addTargets('web', {
  port: 80,
  targets: [fargateService.loadBalancerTarget({
    containerName: 'docker-nginx-multi-port',
    containerPort: 80
  })]
});
```

再來是 8000 Port 的定義，在 ALB 定義上非標準的 Port 需要定義 Protocol 讓 LB 知道目前需要服務的 Protocol，再來就修改一下 containerPort 就可以完成了。

```
const listener8000 = lb.addListener("listener8000", {
  port: 8000,
  protocol: elbv2.ApplicationProtocol.HTTP
});
listener8000.addTargets('web_env', {
```

```
  port: 8000,
  protocol: elbv2.ApplicationProtocol.HTTP,
  targets: [fargateService.loadBalancerTarget({
    containerName: 'docker-nginx-multi-port',
    containerPort: 8000
  })]
});
```

8001 Port 的定義與 8000 一樣直接把它加入就可以了。

```
const listener8001 = lb.addListener("listener8001", {
  port: 8001,
  protocol: elbv2.ApplicationProtocol.HTTP
});
listener8001.addTargets('web_mysql', {
  port: 8001,
  protocol: elbv2.ApplicationProtocol.HTTP,
  targets: [fargateService.loadBalancerTarget({
    containerName: 'docker-nginx-multi-port',
    containerPort: 8001
  })]
});
```

最後為了方便，把所有 Port 定義的 URL 寫出來，如此就可以直接點選開啟網頁。

```
new cdk.CfnOutput(this, 'NGINX_Page', {
  value: `http://${lb.loadBalancerDnsName}`
})
new cdk.CfnOutput(this, 'MySQL_Page', {
  value: `http://${lb.loadBalancerDnsName}:8000`
})
new cdk.CfnOutput(this, 'ENV_Page', {
```

```
    value: `http://${lb.loadBalancerDnsName}:8001`
})
```

修改之後使用 cdk deploy 部署，可以看到原本的 Load Balancer 在不同的 Port 開啟
了不同的服務。

```
$ cdk deploy
# 中間省略

Outputs:
CdkEcsWebStack.ENVPage = http://CdkEc-LB8A1-1J5KR7WU29F2L-1629910582.us-
west-2.elb.amazonaws.com:8001
CdkEcsWebStack.MySQLPage = http://CdkEc-LB8A1-1J5KR7WU29F2L-1629910582.us-
west-2.elb.amazonaws.com:8000
CdkEcsWebStack.NGINXPage = http://CdkEc-LB8A1-1J5KR7WU29F2L-1629910582.us-
west-2.elb.amazonaws.com
# 以下省略
```

部署後打開 NGINX Page 看到如圖 6-46 頁面代表部署正常。

▲ 圖 6-46 開啟 Load Balancer 80 Port 測試頁面正常情況

部署後打開 MySQL Page 看到如圖 6-47 頁面代表部署正常。

▲ 圖 6-47 開啟 Load Balancer 8000 Port 測試頁面正常情況

部署後打開 ENV Page 看到如圖 6-48 頁面代表部署正常。

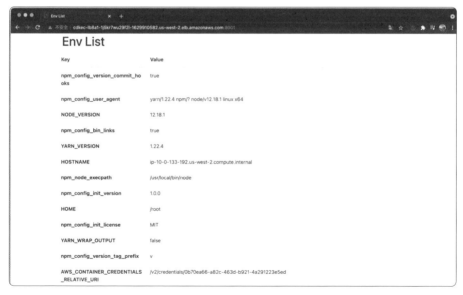

▲ 圖 6-48 開啟 Load Balancer 8001 Port 測試頁面正常情況

然後打開 Task 可以發現原本只有一個 Container 的地方變成兩個，而注意一下 Private IP 10.0.133.192 會在後面的 Target Group 看到它會被註冊在三個不一樣的 Target Group 上。

▲ 圖 6-49 開啟 ECS 查看 Task 部署的 Container

另外在 ECS Task 的 Logs 也因為在 CDK 上面有分開定義兩個不同的 Container Log，因此可以在這邊直接做切換觀看 Container 的運作狀況。

▲ 圖 6-50 開啟 ECS Task 看到兩個不同 Container 的 Log

再來打開 Task Definitions 可以看到 docker-nginx-multi-port 有開啟了三個不同的 Port，而且 Host Port 與 Container Port 是一致的。

▲ 圖 6-51 開啟 Task Definitions 看到一個 Container 服務多個 Port

然後回到 Load Balancers 可以看到原本只開了 80 Port 的 Load Balancer，現在開了 3 個不同的 Port，而且分別綁定給三個不同的 Target Group。

▲ 圖 6-52 開啟 Load Balancer 看到原本的 Load Balancer 服務了多個 Port

再來可以到 Target Groups 看到剛剛 Task 上面的 Private IP 10.0.133.192 註冊到 Target Group 上面了，而且分別使用不同的 Port 註冊不同的頁面。此外可以發現 這邊的 Target group Name 與上面的 Load Balancer Rules 是一樣的，代表著不同 Port 會依照這邊的定義丟到 Container 不同的 Port 上。

▲ 圖 6-53　開啟 Target Groups 看到 8000 Port 由同一個 Container 提供服務

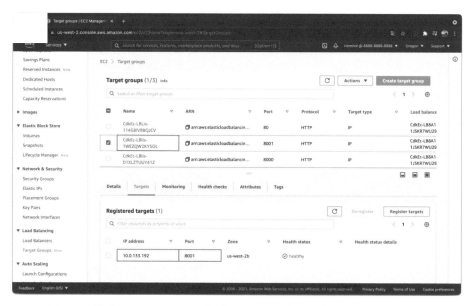

▲ 圖 6-54　開啟 Target Groups 看到 8001 Port 由同一個 Container 提供服務

以上就是 ECS 一個 Task Container 服務多個不一樣 Port 的範例，基本上此方法在小服務上可以更好的部署，因為有的服務以前在 EC2 上本來就是一隻程式服務多個 Port，但通常大家會以為一個 Container 只能服務一個 Port，因此而放棄把原本 EC2 的服務移動到 Container 上面。有了此篇的介紹後如果你目前的服務是服務在 EC2 上面就也可以嘗試把它搬到 Container，讓資源更好的管理以及更好的擴展。

6.4 使用 ECS 部署 Web Service 與整合 RDS 資料庫

說到這邊應該會有一個疑問，通常 Web 服務使用資料庫是必備的，怎麼好像沒有提到怎麼使用 CDK 整合資料庫，所以此章就來說明如何把 ECS 與 RDS 部署整合到 CDK 上面，而它的架構會如圖 6-55。

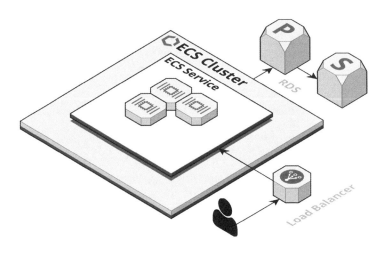

▲ 圖 6-55 Amazon ECS Cluster 服務串接 RDS 服務架構圖

6.4.1 Amazon Relational Database Service （Amazon RDS）

Amazon RDS 是一個 AWS 的全託管服務，它可以很自由的調整系統大小，而且有定期自動備份的功能可以確保系統穩定。目前支援的資料庫有六種包括 Amazon Aurora、PostgreSQL、MySQL、MariaDB、Oracle Database 和 SQL Server，它是在 AWS 最穩定使用資料庫的解決方案。

6.4.2 Amazon Aurora

在開始說明之前先說明在本章節會使用 Aurora 來替代 MySQL，它是一款可以完全相容 MySQL 與 PostgreSQL 的資料庫。它的效能比標準的 MySQL 快了五倍的速度；與標準的 PostgreSQL 比較也快了三倍的速度；價錢方面只要 1/10 的價錢，而且它是一個可以自動擴展的資料庫。因此本章節會直接使用它來替代 MySQL 資料庫。

6.4.3 使用 AWS CDK 部署 Amazon Aurora RDS

在這邊因為要使用 RDS 所以要安裝一下 RDS 的套件並引入它。

```
import * as rds from '@aws-cdk/aws-rds';
```

我們在定義完 ECS Cluster 後就可以創建 RDS，在這使用 DatabaseCluster 來創建 RDS。因為 Aurora 是 Cluster 形式的資料庫，而 RDS 可以在新建的時候幫我們創建預設資料庫。為了方便使用創建一個資料庫叫 web_database，如果沒有設定這個參數，預設的情況下是不會創建資料庫的。另外可以看到 removalPolicy 特別設定了 DESTROY，這是因為目前是在測試希望在移除 RDS 的時候它不要保留快照直接移除，不然到時候還要處理快照的部分。然而如果是正式環境就保留預設就好了，它預設是 SNAPSHOT 會在移除的時候自動建立快照。

```
const rdsInstance = new rds.DatabaseCluster(this, "Database", {
  engine: rds.DatabaseClusterEngine.auroraMysql({
    version: rds.AuroraMysqlEngineVersion.VER_2_09_2
  }),
  instanceProps: {
    instanceType: new ec2.InstanceType('t3.small'),
    vpc,
  },
  defaultDatabaseName: 'web_database',
  removalPolicy: cdk.RemovalPolicy.DESTROY,
});
```

> **Tips** 創建 MySQL 或是 PostgreSQL 方法
> ....
> 範例是使用 Aurora，而如果要新增的是 MySQL 或是 PostgreSQL 等其他不是
> Cluster 的資料庫，需要改成使用 DatabaseInstance 來創建，這邊以 MySQL 為
> 範例，可以使用以下的方法創建資料庫。
>
> ```
> new rds.DatabaseInstance(this, 'Instance', {
>   engine: rds.DatabaseInstanceEngine.mysql({
>     version: rds.MysqlEngineVersion.VER_8_0_25,
>   }),
>   vpc,
>   instanceType: new ec2.InstanceType('t3.small'),
>   databaseName: 'web_database',
>   removalPolicy: cdk.RemovalPolicy.DESTROY,
> });
> ```

6.4.4 ECS Task 使用 AWS Secret Manager 保管的密碼

RDS 為了確保密碼不會直接在程式裡面傳遞而且可以定期的輪替密碼，把它存放在 AWS Secret Manager。它是一個用來管理資料庫登入資料、API 金鑰或是機密資訊的服務，而這段在 CDK 中整合得非常好，可以看到我們只需要在 secrets 變數裡面呼叫 SecretsManager，並且把想要取得的參數放進對應的參數就可以取得對應的資料。此方法在傳遞的時候就不會看到密碼，而且可以讓內部程式確實擁有密碼並處理連線。

再來可以注意此範例所使用的 Docker Registry 是引用 https://hub.docker.com/r/clarencetw/nodejs-web-server，為了讓範例中可以更清楚的理解 ECS 與 RDS 部署的參數，所以我寫一個範例程式裡面有兩個網頁：

- http://CdkEc-LB8A1-1J5KR7WU29F2L-1629910582.us-west-2.elb.amazonaws.com/mysql：
  用於測試 RDS 連線是否正常，如果正常會顯示目前伺服器的時間。

- http://CdkEc-LB8A1-1J5KR7WU29F2L-1629910582.us-west-2.elb.amazonaws.com/env：
  有一個網頁列出這台 Container 所有的環境變數，在這邊可以看到 Secret Manager 給予程式的資料庫密碼，如此可以更容易理解它的功能。

> **注意！**
> ....
> 在正式環境中請勿在任何地方把資料庫的帳號與密碼顯示出來。

而這個 Docker 需要以下環境變數才可以讓資料庫連線測試運作正常：

- DB_HOST
- DB_DATABASE
- DB_USERNAME
- DB_PASSWORD

```
taskDefinition.addContainer('web', {
  image: ecs.ContainerImage.fromRegistry('clarencetw/nodejs-web-server'),
  memoryReservationMiB: 256,
  portMappings: [{ containerPort: 80 }],
  logging: ecs.LogDrivers.awsLogs({ streamPrefix: 'nodejs-web-server' }),
  environment: {
    NODE_ENV: "production",
    PORT: "80",
    DB_DATABASE: 'web_database'
  },
  secrets: {
    DB_HOST: ecs.Secret.fromSecretsManager(rdsInstance.secret!, "host"),
    DB_USERNAME: ecs.Secret.fromSecretsManager(
      rdsInstance.secret!,
      "username"
    ),
    DB_PASSWORD: ecs.Secret.fromSecretsManager(
      rdsInstance.secret!,
      "password"
    ),
  },
});
```

最後在設定完 ECS 要記得處理 Security Group，而這邊用了一個很特別的方法來
處理 RDS 與 ECS 的連線。在 RDS 的 connection 裡面其實藏了一個預設 Port 的參
數，我們可以直接使用這個參數來處理 ECS 與 RDS 的 Security Group，這樣不用
先知道資料庫用什麼 Port 也可以處理它。

```
rdsInstance.connections.allowFrom(
  fargateService,
  rdsInstance.connections.defaultPort!,
```

```
  `allow ${fargateService.serviceName} to connect db`
);
```

都處理完之後就可以使用 **cdk deploy** 來測試結果了，這邊因為要部署 RDS 所以部署時間會比之前都久一點，部署後可以先開啟 LB 的測試網頁。

```
$ cdk deploy
# 中間省略

Outputs:
CdkEcsWebStack.ENVPage = http://CdkEc-LB8A1-1J5KR7WU29F2L-1629910582.us-
west-2.elb.amazonaws.com/env
CdkEcsWebStack.MySQLPage = http://CdkEc-LB8A1-1J5KR7WU29F2L-1629910582.us-
west-2.elb.amazonaws.com/mysql
# 以下省略
```

打開頁面正常來說會看到一個目前的時間，而這個時間會是 GMT+0 的時區台灣是 UTC+8 所以把目前顯示的時間直接 +8 就是現在的時間，如此代表 Fargate 與 RDS 之間的串接是正常的。

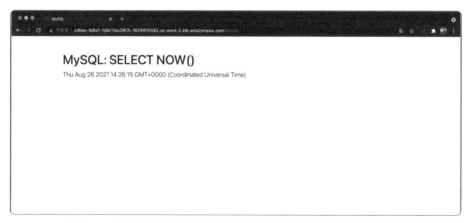

▲ 圖 6-56 開啟 Fargate MySQL 測試頁面測試 RDS 連線正常

> **注意！**
> ....
>
> 出現 "ECONNREFUSE" 代表 Task Definition 的地方有設定錯或是 RDS 的 Security Group 設定錯，可以先看這兩個地方。圖 6-57 錯誤表示 secret 的 地方沒有設定正確，Task Definition 沒有讓 Container 吃到 RDS 的 Host 位 置，導致連線失敗。
>
>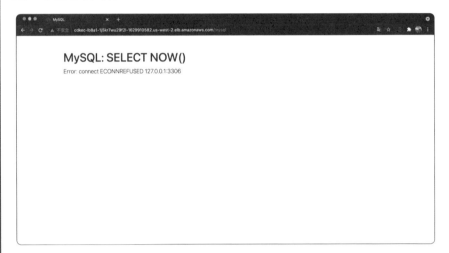
>
> ▲ 圖 6-57 ECS Task Definition 設定錯誤導致 Container 沒有吃到 Host 位置

再來打開 ENV 的測試頁面，可以看到網頁上把所有的環境變數都顯示出來了。 在這邊我們最關心的參數是資料庫的設定檔跟資料庫帳號密碼，可以在這邊看到 放在 AWS Secret Manager 裡面的參數都會直接讓程式可以讀取到，讓程式可以正 常使用。

- DB_DATABASE：web_database
- DB_USERNAME：admin
- DB_PASSWORD：p3z1QwdBWk_1509fxTK89dN_djGbpH
- DB_HOST：cdkecswebstack-databaseb269d8bb-1wvdaeu05tdu0.cluster-c6f9ozfpebzk.us-west-2.rds.amazonaws.com

另外我們還可以在環境變數裡面看到 AWS 額外放入的參數，我們可以從 HOSTNAME 讓程式知道自己的 Private DNS，而 AWS_EXECUTION_ENV 可以知道目前的機器是 EC2 或是 Fargate，如果是 EC2 會顯示 AWS_ECS_EC2。

- HOSTNAME：ip-10-0-115-174.us-west-2.compute.internal
- AWS_EXECUTION_ENV：AWS_ECS_FARGATE
- AWS_DEFAULT_REGION：us-west-2
- AWS_REGION：us-west-2

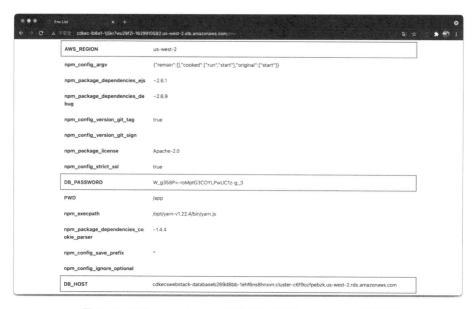

▲ 圖 6-58 開啟 Fargate ENV 測試頁面查看 Container 環境變數

再來我們可以打開 Amazon RDS 頁面看到部署完成的 Aurora MySQL，點選之後就可以在下面的 Endpoint 看到它的 HOST 名稱與環境變數裡面的 HOST 是一樣的。

▲ 圖 6-59 Amazon RDS Aurora MySQL 部署完成

接著打開 ECS 的 Task Definition 看到 CDK 是如何設定 Secret Manager 與 ECS 之間的串接。其方法是把 Secret Manager 的 ARN 與需要取得的變數做串接，如此就可以讓 ECS 直接吃到 Secret Manager 的變數了，而這邊可以注意一下我們這次使用的 Image 與前面不同，可以在上方的 Image 裡面看到它。

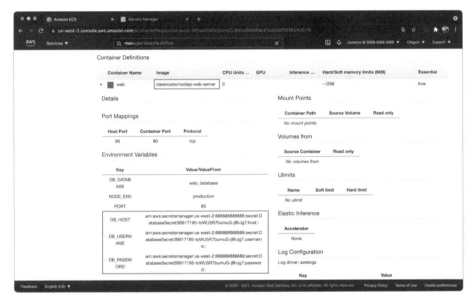

▲ 圖 6-60 ECS 的 Task Definition 與 Secret Manager 串接

開啟 AWS Console 的 Secret Manager，在裡面可以看到與上方一樣的 Secret 名稱。

▲ 圖 6-61 AWS Secret Manager

點開後就可以看到儲存資料庫 Secret Manager 的 ARN 了。

▲ 圖 6-62 AWS Secret Manager 取得存放資料庫帳密的 ARN

6.5 本章小結

以上就是 ECS 串接應用的各種方法，本章節提到了 ECS 可以使用兩種不同的機器來部署 Container，有方便使用者進入機器的 EC2 模式也有全託管的 Fargate。不管是哪種方法都可以有效的把系統搭建起來，而實際使用應該用怎樣的架構就看系統建置需求了。

以實務上來說普遍大家還是比較喜歡使用 EC2 搭建系統，不過近期全球已經有超過一半的用戶在新系統建制上已經優先選擇 Fargate 了，一部分是因為託管類型、一部分也因為系統安全，所以基本上作者還是比較推薦使用 Fargate 的。除非有特別需要使用到 EC2 的地方，不然還要自己照顧系統與監控真的是比較麻煩，而且每次的系統安全升級就需要花許多力氣處理，還不如選用不用處理的 Fargate。

談完了 ECS 應該很好奇在 Container 的世界好像還有一個大佬沒有介紹到，沒錯就是 Kubernetes 大家平常所說的 K8S，而此服務在 AWS 叫 Amazon EKS。談到 Container 怎麼可以沒有它呢？所以下一個章節就來介紹如何使用 AWS CDK 部署 Amazon Elastic Kubernetes Service（Amazon EKS）。

本段落範例程式碼：

https://github.com/clarencetw/cdk-ecs-web

07

使用 AWS CDK 部署 Amazon Elastic Kubernetes Service (Amazon EKS)

7.1 Amazon Elastic Kubernetes Service（Amazon EKS）

Amazon Elastic Kubernetes Service 簡稱 Amazon EKS，通常稱它為 AWS EKS，它是一個可以在 AWS 執行 Kubernetes 的一個受管服務，可以幫助使用者在 AWS 啟動、執行與擴展 Kubernetes 應用程式。AWS EKS 可以提供高可用性的叢集服務，並且可以讓修補、佈建節點與更新自動化。而使用 AWS EKS 可以將目前的 Kubernetes 應用程式無痛移植到 AWS EKS，而且不用修改程式可以説是非常的方便。

▲ 圖 7-1 Amazon Elastic Kubernetes Service (Amazon EKS)

7.1.1 AWS EKS 發布歷史

在開始説明如何在 AWS CDK 上面部署 AWS EKS 之前先來看看 AWS EKS 發布的歷史，AWS 支援 Kubernetes 其實已經很長的時間了。

■ 它最早的發佈時間在 2017/11/29 第一個發布的是預覽版，也就表示需要事先申請才可以使用。第一個版本的 Kubernetes 介面比較簡單，而且不能外掛任何的模組，詳細可以參考 "Amazon Elastic Container Service for Kubernetes 簡介 (預覽)[1]"

1　https://aws.amazon.com/tw/about-aws/whats-new/2017/11/introducing-amazon-elastic-container-service-for-kubernetes/

- 很快的在半年後也就是 2018/06/05 發布了正式版本，並且通過了 Kubernetes 認證開始可以支援外掛模組了，詳細可以參考 "Amazon Elastic Container Service for Kubernetes 現在普遍可用 [2]"

- 在 Kubernetes 的使用上大家還是非常期待 GPU Instance 的應用，所以在 2018/08/23 推出了支援 P3 與 P2 的機器，增加了使用 EKS 的靈活性，詳細可以參考 "Amazon EKS 支援啟用 GPU 的 EC2 執行個體 [3]"

- 很快的在 2018/11/20 發布了 EKS 對 ALB 的支援，也就是說原本需要自己處理的負載平衡現在可以使用 AWS ALB 來處理流量，可以不用再自己處理負載平衡，詳細可以參考 "Amazon EKS 針對 AWS ALB 輸入控制器增加 ALB 支援 [4]"

- 在 2019/01/16 AWS 對 EKS 發佈了 SLA 可用性保證，在一個月內 SLA 至少需要高於 99.9 % 的承諾，如果沒有到達這個標準就可以收到一筆服務積分，詳細可以參考 "Amazon EKS 宣布 99.9% 服務水準協議 [5]"

- 2019/05/27 "Amazon EKS 開放公開預覽 Windows 容器支援 [6]"

- 而使用 Kubernetes 與 ECS 都需要管理 EC2 Instance，在管理上確實是需要花更多的時間，所以在一年後的 2019/06/03 AWS 發佈了開始支援 AWS Fargate 的消息，這個消息讓大家可以比以往更輕鬆的在 AWS 雲端中建置 Kubernetes 應用程式，而且不需要管理 EC2 Instance，詳細可以參考 "使用 Amazon EKS 和 AWS Fargate 執行無伺服器 Kubernetes Pod [7]"

---

2 https://aws.amazon.com/tw/about-aws/whats-new/2018/06/amazon-elastic-container-service-for-kubernetes-eks-now-ga/

3 https://aws.amazon.com/tw/about-aws/whats-new/2018/08/amazon-eks-supports-gpu-enabled-ec2-instances/

4 https://aws.amazon.com/tw/about-aws/whats-new/2018/11/amazon-eks-adds-alb-support-with-aws-alb-ingress-controller/

5 https://aws.amazon.com/tw/about-aws/whats-new/2019/01/-amazon-eks-announces-99-9--service-level-agreement-/

6 https://aws.amazon.com/tw/about-aws/whats-new/2019/03/amazon-eks-opens-public-preview-of-windows-container-support/

7 https://aws.amazon.com/tw/about-aws/whats-new/2019/12/run-serverless-kubernetes-pods-using-amazon-eks-and-aws-fargate/

- 2019/09/04 更新到 1.14 版 "Amazon EKS 現在支援 Kubernetes 1.14 版 [8]"
- 2020/03/10 更新到 1.15 版 "Amazon EKS 現在支援 Kubernetes 1.15 版 - AWS[9]"
- 在 2020/03/26 AWS 提高了 SLA 到達 99.95%，詳細可以參考 "Amazon EKS 將服務水準協議更新為 99.95%[10]"
- 2020/04/30 更新到 1.16 版 "Amazon EKS 現在支援 Kubernetes 1.16 版 [11]"

7.1.2 AWS EKS 價格

在 2020/01/21 之前的價格是每小時 0.20 USD，發布訊息後由原本的 0.20 USD 降至每小時 0.10 USD，價格降低了 50%。這個價錢其實滿合理的，因為在東京自己起一台 AWS c5.large 也需要 0.107 USD，而且還需要自己維運這台 EC2，詳細可以參考 "Amazon EKS 宣佈價格降低 50%[12]"。

7.1.3 AWS EKS 架構

在開始說明如何部署 AWS EKS 之前，先來看看要部署的目標，我們要部署的目標是圖 7-2 框起來的部分。在 AWS EKS 上可以跑各種不一樣的服務，而與前一章的 AWS ECS 一樣會有多種不同的架構介紹分別是：

---

8   https://aws.amazon.com/tw/about-aws/whats-new/2019/09/amazon-eks-now-supports-kubernetes-version-1-14/

9   https://aws.amazon.com/tw/about-aws/whats-new/2020/03/amazon-eks-now-supports-kubernetes-version-1-15/

10 https://aws.amazon.com/tw/about-aws/whats-new/2020/03/amazon-eks-updates-level-agreement-to-99-95/

11 https://aws.amazon.com/tw/about-aws/whats-new/2020/04/amazon-eks-now-supports-kubernetes-version-1-16/

12 https://aws.amazon.com/tw/about-aws/whats-new/2020/01/amazon-eks-announces-price-reduction/

- AWS EKS 與 AWS EC2 Instance 搭配
- AWS EKS 與 AWS EC2 Instance 搭配 AWS EC2 Spot Instance

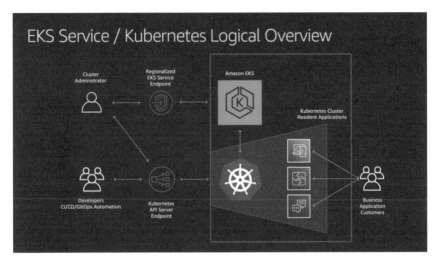

▲ 圖 7-2 AWS re:Invent 2019: [REPEAT 1] Amazon EKS under the hood (CON421-R1) PTT[13] YouTube[14]

7.1.4 AWS CDK 部署 AWS EKS

使用 AWS CDK 部署 AWS EKS，如果都用預設其實短短的一行就可以部署完成了。不過 AWS CDK 部署系統可以說是非常的強大，原本我們使用 Kubernetes 需要另外準備 YAML 再使用 kubectl 執行 YAML，而使用 AWS CDK 可以把這段直接放在 AWS CDK 的程式裡面，這樣在部署的時候就不需要使用 kubectl 指令也可以把服務部署上去。有沒有感覺非常神奇？這樣我們就不用把 Cluster 部署跟 pods 的部

---

13 https://d1.awsstatic.com/events/reinvent/2019/REPEAT_1_Amazon_EKS_under_the_hood_CON421-R1.pdf

14 https://www.youtube.com/watch?v=7vxDWDD2YnM

署分開了，如此就可以使用一制性的部署方法部署了。不過在一開始我還是會慢慢的介紹這段，第一步還是從基本的 Kubernetes Cluster 部署開始。

7.1.4.1 AWS CDK 部署 AWS EKS 使用 EC2 Instance

介紹完了架構後就來進入第一個範例吧！在新專案的一開始還是簡單的帶過創建專案的範例吧！

```
$ mkdir cdk-eks-web && cd cdk-eks-web
$ cdk init --language typescript
```

不要忘記打開 bin/cdk-eks-web.ts 把 14 行解除註解。

```
14 env: { account: process.env.CDK_DEFAULT_ACCOUNT, region: process.env.
CDK_DEFAULT_REGION },
```

簡單的處理完專案後安裝我們這次需要用的 CDK 模組吧！這次要使用的模組為 @aws-cdk/aws-eks，記得先使用 npm install @aws-cdk/aws-eks 安裝模組之後引入

```
import * as eks from '@aws-cdk/aws-eks';
```

而 AWS EKS 的部署其實滿簡單的只要一行就可以部署完成了，本書在撰寫的時候最新的版本是 v1.21，要知道目前最新版本可以直接使用 CDK 的提示找到最大的版號或是可以到 Amazon EKS 使用者指南 [15] 查詢，可以在 "亞馬遜 EKS 庫伯內斯發布日曆" 找到目前的版本紀錄。

```
const cluster = new eks.Cluster(this, 'eks', {
  version: eks.KubernetesVersion.V1_21,
});
```

---

15 https://docs.aws.amazon.com/zh_tw/eks/latest/userguide/kubernetes-versions.html

寫完後就可以使用 **cdk deploy** 執行部署,這邊開始執行部署大概需要等 15 分中到 30 分鐘。

> **Tips** EKS 無法使用 Default VPC 部署的原因
>
> AWS EKS 的部署時間真的很長,但它並沒有辦法使用 Default VPC 來加速,因為 Default VPC 裡預設並沒有創建 Private Subnet。如果想要使用 Default VPC 建立 EKS Cluster,需要先建立 Private Subnet 不然是沒有辦法部署成功的。

```
$ cdk deploy
# 中間省略

Outputs:
CdkEksWebStack.eksConfigCommandDB09280A = aws eks update-kubeconfig
--name eksB49B8EA3-62b1f98bcd3d480caefd0cb8e0480d6e --region us-west-2 --role-arn
arn:aws:iam::888888888888:role/CdkEksWebStack-eksMastersRole8C7B8590-ONSYHSA8XCBZ

CdkEksWebStack.eksGetTokenCommand8952195F = aws eks get-token --cluster-name
eksB49B8EA3-62b1f98bcd3d480caefd0cb8e0480d6e --region us-west-2 --role-arn arn:aws:iam::
888888888888:role/CdkEksWebStack-eksMastersRole8C7B8590-ONSYHSA8XCBZ
# 以下省略
```

首先注意到第一個 output 指令 aws eks update-kubeconfig,如果我們在創建的時候沒有給予 masterRole 那預設就會創建它。這個指令可以給予任何一個 IAM 擁有 sts:AssumeRole Permissions 的使用者,而我們目前的使用者一定擁有這個 Permissions,所以我們只要複製貼上指令就好,它執行完結果如下。

```
$ aws eks update-kubeconfig --name eksB49B8EA3-62b1f98bcd3d480caefd0cb8
e0480d6e --region us-west-2 --role-arn arn:aws:iam::888888888888:role/
CdkEksWebStack-eksMastersRole8C7B8590-ONSYHSA8XCBZ
```

```
Added new context arn:aws:eks:us-west-2:888888888888:cluster/eksB49B8EA3-
62b1f98bcd3d480caefd0cb8e0480d6e to /Users/clarence/.kube/config
```

創建後我們就可以使用 kubectl 指令了，如果還沒裝 kubectl 的使用者可以參考
「A.4 Kubernetes Tools 安裝」的安裝方法安裝。

首先我們可以使用的指令 kubectl get all -n kube-system 看到與正常的 Kubernetes 一
樣。

```
$ kubectl get all -n kube-system
NAME                              READY    STATUS     RESTARTS    AGE
pod/aws-node-7d29k                1/1      Running    0           54m
pod/aws-node-kx4pq                1/1      Running    0           54m
pod/coredns-85d5b4454c-kfjdp      1/1      Running    0           59m
pod/coredns-85d5b4454c-xknl8      1/1      Running    0           59m
pod/kube-proxy-46j2s              1/1      Running    0           54m
pod/kube-proxy-qxrkn              1/1      Running    0           54m
```

再來可以使用 kubectl get node 可以看到它會列出目前受 EKS 管理的機器。

```
$ kubectl get node
NAME                                       STATUS    ROLES     AGE
VERSION
ip-10-0-150-46.us-west-2.compute.internal  Ready     <none>    56m
v1.21.2-eks-55daa9d
ip-10-0-174-66.us-west-2.compute.internal  Ready     <none>    56m
v1.21.2-eks-55daa9d
```

而我們可以到 AWS EC2 看到剛剛使用 kubectl get node 取得的兩個 node，它們都
受 AWS EKS 管理。

- ip-10-0-150-46.us-west-2.compute.internal

- ip-10-0-174-66.us-west-2.compute.internal

▲ 圖 7-3 AWS EC2 觀察目前管理的 EC2 Instance（一）

▲ 圖 7-4 AWS EC2 觀察目前管理的 EC2 Instance（二）

接著到 AWS EKS 後台看一下目前部署的結果，在上方我們會看到 "Your current user or role does not have access to Kubernetes objects on this EKS cluster"，這個問題是因為我們還沒有處理 EKS 使用者與目前使用者連結的關係，這個部分後面會討論。而下方可以看到剛剛部署的 Kubernetes version 為 1.21 與目前的 Platform version 為 eks.2。

▲ 圖 7-5 AWS Console 觀察目前的 EKS 資料

往下看到 AWS EKS 項目可以看到它分成幾個項目：

■ Details

在這個項目裡面我們可以看到 API server endpoint 與其他 Kubernetes 的詳細資訊。

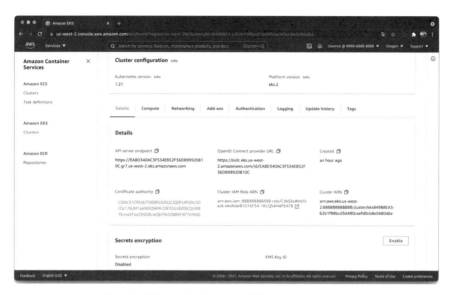

▲ 圖 7-6　使用 AWS Console 觀察 AWS EKS Details

■ Compute

在 Compute 頁面中顯示目前的 Node Groups 列表。

▲ 圖 7-7　使用 AWS Console 觀察 AWS EKS Compute

■ Networking

羅列詳細的 Network 資訊包括 VPC 與目前 Cluster 存在的 Subnets。注意在預設的情況下 "Public access source whitelist" 其實是空的，這點在安全性上來說其有點不足，所以我們應該建立一個固定 IP 的白名單。

▲ 圖 7-8 使用 AWS Console 觀察 AWS EKS Networking

■ Add-ons

如下可以安裝 EKS 附加元件像是 Amazon VPC CNI[16]、CoreDNS[17] 或是 kube-proxy[18]，不過這邊不為這些做詳細介紹，如果想要更了解詳細的說明可以參考 Amazon EKS 文件。

---

16 https://docs.aws.amazon.com/zh_tw/eks/latest/userguide/managing-vpc-cni.html

17 https://docs.aws.amazon.com/zh_tw/eks/latest/userguide/managing-coredns.html

18 https://docs.aws.amazon.com/zh_tw/eks/latest/userguide/managing-kube-proxy.html

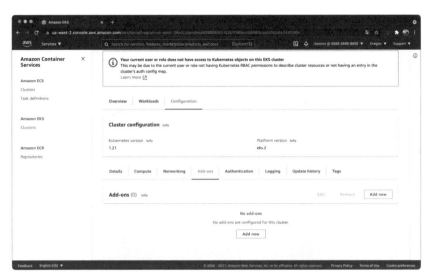

▲ 圖 7-9　使用 AWS Console 觀察 AWS EKS Add-ons

■ Authentication

在 AWS EKS 可以支援使用 OpenID Connect（OIDC）作為驗證叢集使用者的方法，要使用此功能可以在這邊做設定。

▲ 圖 7-10　使用 AWS Console 觀察 AWS EKS Authentication

■ Logging

在預設的情況下 Log 其實是關閉的，所以這邊目前都是 Disable，如果有需要可以直接從這邊開啟 Log 功能。

▲ 圖 7-11 使用 AWS Console 觀察 AWS EKS Logging

■ Update history

目前還沒更新過所以更新紀錄是空白的。

▲ 圖 7-12 使用 AWS Console 觀察 AWS EKS Update history

■ Tags

最後是 Tag，基本上 AWS 每個服務都有 Tag 的功能，而這邊因為沒有設定所以也是空的。

▲ 圖 7-13 使用 AWS Console 觀察 AWS EKS Tags

介紹完了基本的 AWS EKS Console 後，回過頭來看一下一開始遇到的 "Your current user or role does not have access to Kubernetes objects on this EKS cluster"，在這個地方如果使用 AWS CDK 其實非常好處理。假設目前使用的 IAM 使用者名稱為 clarence，我們只要使用 fromUserName 取得 IAM 使用者之後，再使用 addUserMapping 的方法指定到 system:masters 群組就完成了。

```
const cluster = new eks.Cluster(this, 'eks', {
  version: eks.KubernetesVersion.V1_21,
});
const adminUser = iam.User.fromUserName(this, 'adminUser', 'clarence');
cluster.awsAuth.addUserMapping(adminUser, {
  groups: ['system:masters']
});
```

所以把以上改為自己的使用者名稱後再使用 cdk deploy 部署，部署成功後我們再把開 AWS EKS 的 Console，可以看到剛剛上方出現的警告已經消失了。在 Overview 的地方可以直接看到目前 EKS 的 Node，而且 Node name 與使用指令取得的是一樣的。

▲ 圖 7-14 使用 AWS Console 觀察 AWS EKS Overview

再來看到原本不能顯示的 Workloads 也顯示了正確的資料，而且這個地方其實是可以使用 Namespace 來做篩選的。

▲ 圖 7-15　使用 AWS Console 觀察 AWS EKS Workloads

7.1.4.2 AWS CDK 部署 AWS EKS 使用 EC2 Spot

說完如何使用 On-Demand EC2 之後，我們來說說如何在 EKS 呼叫 EC2 Spot 的機器。在使用 EKS 與 ECS 通常我們會使用 Spot 的機器來與 On-Demand 機器做混搭，畢竟 On-Demand 的機器比較貴，如果有大流量或是大運算需求的時候，我們就會希望可以使用 EC2 Spot 來混搭降低我們的成本。

而在 EKS 上要使用 EC2 Spot 其實非常簡單，只要在呼叫 addNodegroupCapacity 的時候加入 capacityType 並且指定它為 SPOT 就可以取得 EC2 Spot 了，平常我們沒有指定的時候它預設是 ON_DEMAND 因此不用指定。

而在這邊特別這注意一下 instanceTypes 這個欄位，因為 Spot 的機器不是我們發出需求就一定可以開的起來的，要看目前的 Spot Pool 有沒有這個型態的機器。

如果沒有空的機器是沒有辦法取得到對應等級的機器，因此在這邊會建議你放多種 Instance Type 不要只有放一種，這樣可以降低取得不到 Spot 機器的機會。

以下程式把它接到 new eks.Cluster 後就可以完成 Spot Instance 的機器請求了。

```
cluster.addNodegroupCapacity('spot', {
  instanceTypes: [
    new ec2.InstanceType('c5.large'),
    new ec2.InstanceType('c5a.large'),
    new ec2.InstanceType('c5d.large'),
  ],
  capacityType: eks.CapacityType.SPOT,
});
```

> **Tips** 測試階段如何全部使用 EC2 Spot 節省成本
>
> 在測試階段，我想要全部的機器都使用 EC2 Spot 這樣要怎麼做？
>
> 這個問題其實很簡單，只要把 defaultCapacity 設為 0 就可以了，具體做法如下：
>
> ```
> const cluster = new eks.Cluster(this, 'eks', {
>   vpc,
>   version: eks.KubernetesVersion.V1_21,
>   defaultCapacity: 0
> });
>
> cluster.addNodegroupCapacity('spot', {
>   instanceTypes: [
>     new ec2.InstanceType('c5.large'),
>     new ec2.InstanceType('c5a.large'),
>     new ec2.InstanceType('c5d.large'),
>   ],
>   capacityType: eks.CapacityType.SPOT,
> });
> ```

修改後我們就可以使用 cdk deploy 部署它了。部署後可以到 AWS Console 看 EC2
部署的狀況,我們可以看到有 2 台 EC2 Spot 這是因為 desiredSize 預設是 2。

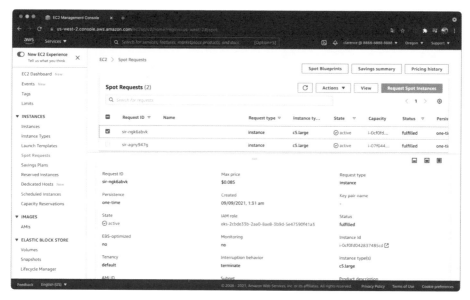

▲ 圖 7-16 AWS EC2 Spot Requests 可以看到 AWS EKS 開啟的 Spot EC2

再來到 EKS 後台,可以在 Nodes 看到兩種等級的機器,分別是原本的 m5.large 與
新的 c5.large 等級的 Spot EC2。

▲ 圖 7-17　AWS EKS Nodes 可以看到註冊上來的 Spot EC2

而點選第一台 c5.large 的機器進去，在下面的 Labels 看到 EKS 有特別為我們標記
這台機器為 SPOT 的 type。

▲ 圖 7-18　AWS EKS Nodes 詳細資料可以看到 Labels 標記的 SPOT

同樣的點開第二台 m5.large 等級的機器，可以在下面看到這台機器是 ON_
DEMAND type 的機器。

▲ 圖 7-19 AWS EKS Nodes 詳細資料可以看到 Labels 標記的 ON_DEMAND

7.1.4.3 AWS CDK 部署 AWS EKS 將機器加入 Taint

原本就有在使用 Kubernetes 的使用者一定對 Taint（污點）不陌生，通常我們會為
特別的機器打上 Taint，這樣就可以配合 Toleration（容忍）避免 Pod 跑到不對的
機器上面，如此就可以更客製化我們的需求。而這段本來是要使用 kubectl 指令
才可以完成的，在 AWS CDK 上可以直接完成不需要使用 kubectl 再處理。

在 AWS CDK 上面處理 Taint 很簡單，我們只要在上面標記我們要的 Taint 就可以
了，像是我在這邊幫 Spot 的機器打上 type=spot 的 Taint。

```
cluster.addNodegroupCapacity('spot', {
  instanceTypes: [
    new ec2.InstanceType('c5.large'),
    new ec2.InstanceType('c5a.large'),
    new ec2.InstanceType('c5d.large'),
  ],
  capacityType: eks.CapacityType.SPOT,
  taints: [{
    effect: eks.TaintEffect.NO_SCHEDULE,
    key: 'type',
    value: 'spot',
  }],
});
```

修改一下程式後使用 cdk deploy 跑一下看看結果。我們一樣到 AWS EKS 後台看一下目前被註冊上來的 Node 資料,而我們這次關注第一台 ip-10-0-100-95.us-west-2.compute.internal 點開它。

▲ 圖 7-20 AWS EKS Nodes 詳細資料看到兩台 Node 被註冊上來

點開第一台 Node 拉到下面可以看到 AWS Console 很貼心的列出了這台機器的
Taint。

▲ 圖 7-21 AWS EKS Nodes 詳細資料看到上面列出了 Taints

然後我們可以使用 kubectl 查看一下 ip-10-0-100-95.us-west-2.compute.internal 機
器的狀態,可以看到上面的結果與 AWS EKS 後台的是一樣的。

```
$ kubectl describe node/ip-10-0-100-95.us-west-2.compute.internal
Name:              ip-10-0-100-95.us-west-2.compute.internal
Roles:             <none>
Labels:            beta.kubernetes.io/arch=amd64
                   beta.kubernetes.io/instance-type=c5.large
                   beta.kubernetes.io/os=linux
# 中間省略

Taints:            type=spot:NoSchedule
Unschedulable:     false
# 中間省略
```

想要看的如果只有基礎資料在 AWS EKS 後台就可以看到了，而且有 GUI 在一開始不是這麼熟悉 kubectl 指令其實滿有幫助的。

7.1.4.4 AWS CDK 部署 AWS EKS 使用 GPU 類型 EC2 Instance

說完如何部署 EC2 Spot 之後，我們來談談怎麼在 EKS 上面部署擁有 GPU 的 EC2 Instance。在 AWS 上面要使用 GPU 可以選擇 P2[19] 或是 P3[20] 這兩種等級的機器，而在 AWS CDK 上面要部署 GPU 機器非常簡單不過要注意兩點：

1. amiType 要特別選擇 AL2_X86_64_GPU。
2. 需要安裝 NVIDIA device plugin

```
cluster.addNodegroupCapacity('gpu', {
  instanceTypes: [new ec2.InstanceType('p2.xlarge')],
  capacityType: eks.CapacityType.SPOT,
  amiType: eks.NodegroupAmiType.AL2_X86_64_GPU,
  diskSize: 100,
});
```

---

19 https://aws.amazon.com/tw/ec2/instance-types/p2/
20 https://aws.amazon.com/tw/ec2/instance-types/p3/

注意！
....
這邊會建議每個 Node 至少調整一下硬碟大小到 100 G，因為 EKS 在拉取 image 的過程中可能會用到很多的硬碟空間，原本預設的 20 G 空間可能不是這麼的夠用。

那要怎麼知道目前的 pod 是不是因為空間不足而部署失敗呢？

通常在空間不足的時候，我們使用指令查詢 pod 的狀態可能會出現 STATUS 狀態為 Evicted，也就是被驅逐的狀態。

```
$ kubectl describe pod ubuntu
NAME      READY   STATUS     RESTARTS   AGE
ubuntu    0/1     Evicted    0          3m10s
```

而我們近一步查詢 pod 的詳細資料，如果出現 "Message: The node was low on resource: ephemeral-storage."，基本上就可以確定是這個問題了。

```
$ kubectl describe pod ubuntu
Name:         ubuntu
Namespace:    default
Priority:     0
Node:         ip-10-0-115-5.us-west-2.compute.internal/
Start Time:   Fri, 10 Sep 2021 22:45:09 +0800
Labels:       <none>
Annotations:  kubernetes.io/psp: eks.privileged
Status:       Failed
Reason:       Evicted
Message:      The node was low on resource: ephemeral-storage.
```

加入新的 Node Group 後就可以使用 cdk deploy 部署它，部署後可以到 AWS EKS 看看目前機器部署的狀態。

▲ 圖 7-22　AWS EKS 觀察新部署的 p2 機器

部署後點開第一台 ip-10-0-118-178.us-west-2.compute.internal 先來查看 GPU 是不是有被 EKS 吃到，因為這部分在 AWS EKS 上面直接用 GUI 看不出來所以點選右上角的 Raw View 來查看。

▲ 圖 7-23　AWS EKS Node Raw view

拉到下面觀察一下 status 可以看到 GPU 並沒有被讀取到，所以這個部分我們需要手動處理。

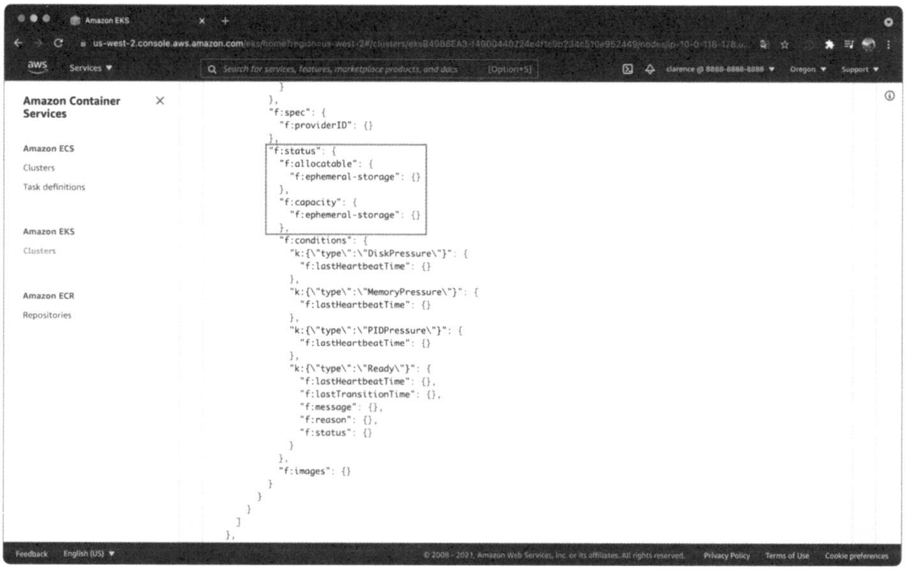

▲ 圖 7-24 AWS EKS 觀察新部署的 p2 機器狀態

而這個部分我們也可以使用 kubectl 來查看狀態，可以看到在 Capacity 與 Allocatable 並沒有出現 GPU 的資訊。

```
$ kubectl describe node/ip-10-0-100-95.us-west-2.compute.internal
Name:              ip-10-0-100-95.us-west-2.compute.internal
# 中間省略
Capacity:
  attachable-volumes-aws-ebs:  39
  cpu:                         4
  ephemeral-storage:           104845292Ki
  hugepages-1Gi:               0
  hugepages-2Mi:               0
```

```
memory:                      62769452Ki
nvidia.com/gpu:              1
pods:                        58
Allocatable:
attachable-volumes-aws-ebs:  39
cpu:                         3920m
ephemeral-storage:           95551679124
hugepages-1Gi:               0
hugepages-2Mi:               0
memory:                      61752620Ki
nvidia.com/gpu:              1
pods:                        58
# 中間省略
```

P2 與 P3 是使用 NVIDIA 的 GPU 機器，需要安裝 NVIDIA device plugin，而這個 plugin 是會更新的，所以有需要可以到 GitHub 找到 NVIDIA device plugin for Kubernetes[21] 專案查看目前的 releases[22] 情況。以目前來說最新版是在 2021/02/27 更新到 v0.9.0，所以會以這個版本來說明。

在目前的 AWS CDK 中並不會自動幫我們處理 NVIDIA device plugin 安裝，所以我在這邊先使用 kubectl 安裝一次之後再說明我在 AWS CDK 會怎麼做。

首先我們安裝 NVIDIA 的 device plugin 可以直接使用 kubectl apply 來執行。

```
$ kubectl apply -f https://raw.githubusercontent.com/NVIDIA/k8s-device-
plugin/v0.9.0/nvidia-device-plugin.yml
daemonset.apps/nvidia-device-plugin-daemonset created
```

---

21 https://github.com/NVIDIA/k8s-device-plugin
22 https://github.com/NVIDIA/k8s-device-plugin/releases

執行後查看 nvidia-device-plugin-daemonset 的部署狀態，因為我們目前只有兩個 Node，所以 CURRENT 與 READY 都是 2 就代表部署成功了。

```
kubectl get ds nvidia-device-plugin-daemonset --namespace kube-system
NAME                                DESIRED   CURRENT   READY   UP-TO-DATE
AVAILABLE     NODE SELECTOR    AGE
nvidia-device-plugin-daemonset   2         2         2       2
2             <none>           43s
```

而我們這次使用 kubectl 的 filter 功能來觀察 node 是否讀到 GPU，可以看到 GPU 有數量就代表驅動有安裝成功。

```
$ kubectl get nodes "-o=custom-columns=NAME:.metadata.name,GPU:.status.
allocatable.nvidia\.com/gpu"
NAME                                      GPU
ip-10-0-118-178.us-west-2.compute.internal   1
ip-10-0-149-9.us-west-2.compute.internal     1
```

觀察到它成功後就來說明在 AWS CDK 上如果自己處理可以怎麼做，首先我們先把它 NVIDIA 的 device plugin 移除。

```
$ kubectl delete -f https://raw.githubusercontent.com/NVIDIA/k8s-device-
plugin/v0.9.0/nvidia-device-plugin.yml
daemonset.apps "nvidia-device-plugin-daemonset" deleted
```

使用指令觀察一下是不是原本讀取到的 GPU 變成 0 了。

```
$ kubectl get nodes "-o=custom-columns=NAME:.metadata.name,GPU:.status.
allocatable.nvidia\.com/gpu"
NAME                                      GPU
ip-10-0-118-178.us-west-2.compute.internal   0
ip-10-0-149-9.us-west-2.compute.internal     0
```

首先我們先下載 https://raw.githubusercontent.com/NVIDIA/k8s-device-plugin/v0.9.0/ nvidia-device-plugin.yml 到本地的 lib/addons/nvidia-device-plugin.yml，然後加入三個這次需要用的模組。

```
import * as fs from 'fs';
import * as YAML from 'yaml';
import * as path from 'path';
```

使用 YAML.parse 解析 YAML 後使用 cluster.addManifest 放進 Cluster 裡面。

```
const nvidiaDevicePlugin = fs.readFileSync(
  path.join(__dirname, '../lib', 'addons/nvidia-device-plugin.yml'),
  'utf8'
);
const nvidiaManifests = YAML.parse(nvidiaDevicePlugin);
cluster.addManifest(`nvidia-device-plugin`, nvidiaManifests);
```

修改完程式後使用 cdk deploy 部署，再次使用 kubectl 查看狀態可以發現原本沒讀取到的 GPU 又回來了！

```
$ kubectl get nodes "-o=custom-columns=NAME:.metadata.name,GPU:.status.
allocatable.nvidia\.com/gpu"
NAME                                             GPU
ip-10-0-118-178.us-west-2.compute.internal    1
ip-10-0-149-9.us-west-2.compute.internal      1
```

以上就是 EKS 使用 P2 與 P3 EC2 主機部署的方法，而在 AWS 上面還有另一個可以拿來做機器學習的選擇，下一個小節就來說明如何使用 AWS CDK 部署 Inf1 主機。

7.1.4.5 AWS CDK 部署 AWS EKS 使用 Inf1[23] 類型 EC2 Instance

在 AWS 上面除了可以使用 NVIDIA 來做機器學習之外，還可以選用 AWS Inferentia 晶片來執行機器學習推論，它也可以使用 TensorFlow、PyTorch 和 MXNet 搭配 AWS Neuron SDK[24] 來部署機器學習模型。

所以如果你需要使用機器來做機器學習除了 NVIDIA 還可以選擇 Inferentia，而部署方法一樣只要修改機器等級為 inf1 就可以了。不過因為它也是另外掛載卡片的機器，所以一樣要處理 device plugin 的問題。

```
cluster.addNodegroupCapacity('inf', {
  instanceTypes: [new ec2.InstanceType('inf1.xlarge')],
  capacityType: eks.CapacityType.SPOT,
  diskSize: 100,
});
```

修改完程式我們一樣先到 AWS EKS 後台看一下機器部署的狀態。

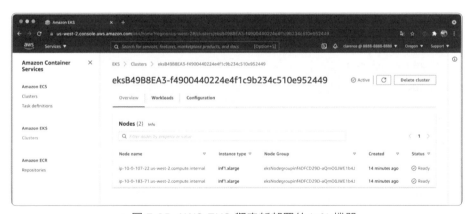

▲ 圖 7-25 AWS EKS 觀察新部署的 inf1 機器

23　https://aws.amazon.com/tw/ec2/instance-types/inf1/

24　https://awsdocs-neuron.readthedocs-hosted.com/en/latest/

而上一小節已經有詳細介紹了，所以這邊就簡單的說明 Neuron device plugin 的安裝方法，因為基本上大同小異。

在部署前我們一樣先使用指令檢查一下 Neuron 的狀態，可以發現它的狀態為 <none>，因為機器上還沒裝過 Neuron 的 plugin。

```
$ kubectl get nodes "-o=custom-columns=NAME:.metadata.name,Neuron:.status.
allocatable.aws\.amazon\.com/neuron"
NAME                                      Neuron
ip-10-0-107-22.us-west-2.compute.internal  <none>
ip-10-0-183-71.us-west-2.compute.internal  <none>
```

而 Neuron device plugin 的腳本我們直接使用 eksctl[25] 的部署腳本，而因為它們更新的實在是太快了，所以通常我會直接使用 main branch 來部署（https://raw.githubusercontent.com/weaveworks/eksctl/main/pkg/addons/assets/neuron-device-plugin.yaml），但如果公司的 Policy 規定一定要有發布 Release[26] 才可以部署的使用者可以先去尋找目前發佈的 Release 版本，假設目前最新版本是 **v0.66.0** 那就使用 https://raw.githubusercontent.com/weaveworks/eksctl/v0.66.0/pkg/addons/assets/neuron-device-plugin.yaml 來作為部署腳本的網址。以下範例 kubectl 使用 **main branch** 部署：

```
$ kubectl apply -f https://raw.githubusercontent.com/weaveworks/eksctl/
main/pkg/addons/assets/neuron-device-plugin.yaml
clusterrole.rbac.authorization.k8s.io/neuron-device-plugin created
serviceaccount/neuron-device-plugin created
clusterrolebinding.rbac.authorization.k8s.io/neuron-device-plugin created
daemonset.apps/neuron-device-plugin-daemonset created
```

---

25 https://github.com/weaveworks/eksctl
26 https://github.com/weaveworks/eksctl/releases

在 eksctl 的 GitHub 腳本中其實也沒有使用最新版的 Neuron Device Plugin，如果你對 Neuron Device Plugin 版本比較在意，可以打開 neuron-device-plugin.yaml，觀察一下 112 行 [27] 這個 image 它是直接使用 Amazon ECR Public Gallery 的 neuron-device-plugin[28]。因此我們可以直接找到最新的 Image tag 進行手動部署即可使用最新版的 Neuron Device Plugin 了。

部署後一樣檢查 neuron-device-plugin-daemonset 的狀態。

```
$ kubectl get ds neuron-device-plugin-daemonset --namespace kube-system
NAME                              DESIRED   CURRENT   READY   UP-TO-DATE
AVAILABLE    NODE SELECTOR    AGE
neuron-device-plugin-daemonset    2         2         2       2
2            <none>           27s
```

再次使用 kubectl 查詢各個 Node 的 Neuron 部署狀況。

```
$ kubectl get nodes "-o=custom-columns=NAME:.metadata.name,Neuron:.status.
allocatable.aws\.amazon\.com/neuron"
NAME                                    Neuron
ip-10-0-107-22.us-west-2.compute.internal    1
ip-10-0-183-71.us-west-2.compute.internal    1
```

而我們在說明如何使用 AWS CDK 完成 Neuron Device Plugin 安裝之前，先把它移除，並且檢查一下 Neuron 的狀態會發現它變回 0 代表成功移除了。

```
$ kubectl delete -f https://raw.githubusercontent.com/weaveworks/eksctl/
main/pkg/addons/assets/neuron-device-plugin.yaml
```

---

27 https://github.com/weaveworks/eksctl/blob/v0.66.0/pkg/addons/assets/neuron-device-plugin.
    yaml#L112

28 https://gallery.ecr.aws/neuron/neuron-device-plugin

```
clusterrole.rbac.authorization.k8s.io "neuron-device-plugin" deleted
serviceaccount "neuron-device-plugin" deleted
clusterrolebinding.rbac.authorization.k8s.io "neuron-device-plugin" deleted
daemonset.apps "neuron-device-plugin-daemonset" deleted

$ kubectl get nodes "-o=custom-columns=NAME:.metadata.name,Neuron:.status.
allocatable.aws\.amazon\.com/neuron"
NAME                                      Neuron
ip-10-0-107-22.us-west-2.compute.internal 0
ip-10-0-183-71.us-west-2.compute.internal 0
```

在部署跟移除 Neuron Device Plugin 的時候，不知道讀者有沒有發現這個 YAML 檔案其實含有多個文件，所以這次處理 YAML 的方法會有點不同。因為多個 Manifest 其實 addManifest 不能使用，所以我們需要把它直接用程式的方法拆成多筆，然後再喂進去，就可以解決一個檔案裡面有多筆 YAML 的問題了，不過基本上只要直接使用下面的程式就可以成功把它安裝上去了！

```
const neuronDevicePlugin = fs.readFileSync(
  path.join(__dirname,
    '../lib',
    'addons/neuron-device-plugin.yaml'
  ),
  'utf8'
);
const neuronManifests = YAML.parseAllDocuments(neuronDevicePlugin);
let i = 0
neuronManifests.forEach((item) => {
  cluster.addManifest(
    `neuron-device-plugin-${i++}`,
    item.contents?.toJSON()
  );
})
```

加入以上的程式後我們就直接使用 **cdk deploy** 再讓它部署一次吧！再次使用
kubectl 檢查可以發現 Neuron 安裝成功了。

```
$ kubectl get nodes "-o=custom-columns=NAME:.metadata.name,Neuron:.status.
allocatable.aws\.amazon\.com/neuron"
NAME                                        Neuron
ip-10-0-107-22.us-west-2.compute.internal   1
ip-10-0-183-71.us-west-2.compute.internal   1
```

7.1.4.6 AWS CDK 部署 AWS EKS 創建含有 GPU 的 Pod

談完如何創建各種 Node 後，再來就可以討論如何創建 Pod 了。如果你用過
Kubernetes 就會知道要在 Kubernetes 部署 pod，我們需要先準備一份 YAML 設定
檔，然後使用 kubectl 把它設定到 Kubernetes 叢集，就可以把 pod 部署起來了。
我們最終會使用 AWS CDK 部署 AWS EKS 的 pod，但是為了增加連結性，所以在
一開始會先使用 kubectl 部署 pod，等熟悉如何部署 pod 後再使用 AWS CDK 整合
pod 的部署。

我們前面部署了可以使用 GPU 的叢集，所以這邊就使用 nvidia 的範例來部署，
而它的 YAML 設定檔如下：

```
apiVersion: v1
kind: Pod
metadata:
  name: nvidia-smi
spec:
  restartPolicy: OnFailure
  containers:
  - name: nvidia-smi
    image: nvidia/cuda:11.4.1-cudnn8-devel-ubuntu20.04
    args:
```

```
    - "nvidia-smi"
  resources:
    limits:
      nvidia.com/gpu: 1
```

注意！

在部署 nvidia/cuda 的時候版本不可以填 latest，因為在 nvidia/cuda[29] 的 Docker Hub 有說明 latest 的 tag 已經棄用了（Deprecated: "latest" tag），如果不小心使用了，在使用指令在查詢 pod 的時候就會看到 STATUS 狀態是 "ImagePullBackOff"。

```
$ kubectl get pod nvidia-smi
NAME          READY   STATUS              RESTARTS   AGE
nvidia-smi    0/1     ImagePullBackOff    0          31m
```

而進一步查詢詳細資料就會看到更詳細的錯誤資訊："Failed to pull image "nvidia/cuda:latest": rpc error: code = Unknown desc = Error response from daemon: manifest for nvidia/cuda:latest not found: manifest unknown: manifest unknown"。

```
kubectl describe pod nvidia-smi
```

儲存成 nvidia-smi-pod.yaml 之後使用 kubectl 指令部署。

```
$ kubectl apply -f nvidia-smi-pod.yaml
pod/nvidia-smi created
```

---

29 https://hub.docker.com/r/nvidia/cuda

部署後可以查看 pod 的部署狀況，部署成功代表 GPU 的 Pod 有成功跑起來。

```
$ kubectl get pod nvidia-smi
NAME          READY   STATUS      RESTARTS   AGE
nvidia-smi    0/1     Completed   0          22m
```

接下來可以使用 kubectl logs nvidia-smi 指令查看部署狀況。

```
$ kubectl logs nvidia-smi
Sun Sep 12 17:41:38 2021
+-----------------------------------------------------------------------------+
| NVIDIA-SMI 460.73.01    Driver Version: 460.73.01   CUDA Version: 11.2       |
|-------------------------------+----------------------+----------------------+
| GPU  Name        Persistence-M| Bus-Id        Disp.A | Volatile Uncorr. ECC |
| Fan  Temp  Perf  Pwr:Usage/Cap|         Memory-Usage | GPU-Util  Compute M. |
|                               |                      |               MIG M. |
|===============================+======================+======================|
|   0  Tesla K80          On    | 00000000:00:1E.0 Off |                    0 |
| N/A   33C    P8    31W / 149W |      0MiB / 11441MiB |      0%      Default |
|                               |                      |                  N/A |
+-------------------------------+----------------------+----------------------+

+-----------------------------------------------------------------------------+
| Processes:                                                                  |
|  GPU   GI   CI        PID   Type   Process name                  GPU Memory |
|        ID   ID                                                   Usage      |
|=============================================================================|
|  No running processes found                                                 |
+-----------------------------------------------------------------------------+
```

看到成功之後，先使用 kubectl delete 移除 pod 方便後面的測試，並且再檢查一下
是否有移除成功。

```
$ kubectl delete -f nvidia-smi-pod.yaml
pod "nvidia-smi" deleted

$ kubectl get pod nvidia-smi
Error from server (NotFound): pods "nvidia-smi" not found
```

使用指令部署完擁有 GPU 的 Pod 後，就可以來體驗一下 AWS CDK 的厲害之處。
使用 AWS CDK 部署 pod 我們不用維護一份一份的 YAML 檔案，有了 AWS CDK 只
要維護 CDK 本身就可以了。現在只要把原本的 YAML 轉換成 JSON 格式之後放
入，addManifest 就完成了是不是相當簡單方便！我們只要把以下程式放到剛剛的
addNodegroupCapacity 後面就完成了。

```
cluster.addManifest('nvidia-smi', {
  apiVersion: 'v1',
  kind: 'Pod',
  metadata: { name: 'nvidia-smi' },
  spec: {
    restartPolicy: 'OnFailure',
    containers: [{
      name: 'nvidia-smi',
      image: 'nvidia/cuda:11.4.1-cudnn8-devel-ubuntu20.04',
      args: ['nvidia-smi'],
      resources: { limits: { 'nvidia.com/gpu': 1 } }
    }]
  }
});
```

整理好程式後就可以使用 **cdk deploy** 把它部署上去了，而這次我們先打開 AWS
EKS 後台，便可在其中一個 Node 上面看到 nvidia-smi 這個 Pod 並且狀態是
Succeeded。

▲ 圖 7-26 AWS EKS 查看 nvidia-smi 部署狀態

而我們一樣使用 kubect logs 來看看結果，可以看到不管是使用 kubectl 部署或是
使用 AWS CDK 直接部署都可以獲得一樣的結果。

```
$ kubectl logs nvidia-smi
Sun Sep 12 18:07:57 2021
+-----------------------------------------------------------------------------+
| NVIDIA-SMI 460.73.01    Driver Version: 460.73.01    CUDA Version: 11.2     |
|-------------------------------+----------------------+----------------------+
| GPU  Name        Persistence-M| Bus-Id        Disp.A | Volatile Uncorr. ECC |
| Fan  Temp  Perf  Pwr:Usage/Cap|         Memory-Usage | GPU-Util  Compute M. |
|                               |                      |               MIG M. |
|===============================+======================+======================|
|   0  Tesla K80           On   | 00000000:00:1E.0 Off |                    0 |
| N/A   33C    P8    30W / 149W |      0MiB / 11441MiB |      0%      Default |
|                               |                      |                  N/A |
+-------------------------------+----------------------+----------------------+
```

```
+----------------------------------------------------------------------+
| Processes:                                                           |
| GPU    GI   CI         PID    Type    Process name        GPU Memory |
|        ID   ID                                            Usage      |
|======================================================================|
| No running processes found                                          |
+----------------------------------------------------------------------+
```

7.1.4.7 AWS CDK 部署 AWS EKS 創建含有 AWS Inferentia 的 Pod

有了上一個小節的介紹後我們來試試看部署 neuron。

```
cluster.addManifest('neuron-rtd', {
  apiVersion: 'v1',
  kind: 'Pod',
  metadata: { name: 'neuron-rtd' },
  spec: {
    restartPolicy: 'OnFailure',
    containers: [{
      name: 'neuron-rtd',
      image: 'clarencetw/neuron-test:master',
      securityContext: {
        capabilities: { add: ["IPC_LOCK"] }
      },
      resources: { limits: { 'aws.amazon.com/neuron': 1 } },
    }]
  }
});
```

▲ 圖 7-27　AWS EKS 查看 nvidia-smi 部署狀態

```
$ kubectl exec -it neuron-rtd -- /bin/bash
bash-4.2# neuron-ls
+--------+--------+--------+-----------+---------------+---------+---------+---------+
| NEURON | NEURON | NEURON | CONNECTED |      PCI      | RUNTIME | RUNTIME | RUNTIME |
| DEVICE | CORES  | MEMORY | DEVICES   |      BDF      | ADDRESS |   PID   | VERSION |
+--------+--------+--------+-----------+---------------+---------+---------+---------+
| 0      | 4      | 8 GB   |           | 0000:00:1f.0  | NA      | 8372    | NA      |
+--------+--------+--------+-----------+---------------+---------+---------+---------+
```

7.1.4.8 AWS CDK 部署 AWS EKS Service

談完使用 AWS CDK 創建 Kubernetes Pod，當然不能漏掉使用 AWS CDK 創建 Kubernetes Service 呀！要部署 Kubernetes Service 最基本的方法就是設定兩個 Manifest 分別是 Deployment 與 Service，只要部署這兩個 Manifest 就可以使用 Kubernetes 做出簡單的服務並且使用 AWS 的負載平衡取代 NGINX 的負載平衡讓服務變得更穩定。

■ 定義 Deployment

要部署 Deployment 需先處理 Container 名稱、數量與內部 Port。基本上處理起來與使用 ECS 差不多，部署資料處理如下，更多可以參考 Kubernetes Documentation[30]。

```
const appLabel = { app: "hello-kubernetes" };

const deployment = {
  apiVersion: "apps/v1",
  kind: "Deployment",
  metadata: { name: "hello-kubernetes" },
  spec: {
    replicas: 3,
    selector: { matchLabels: appLabel },
    template: {
      metadata: { labels: appLabel },
      spec: {
        containers: [{
          name: "hello-kubernetes",
          image: "paulbouwer/hello-kubernetes:1.5",
          ports: [{ containerPort: 8080 }],
        }],
      },
    },
  },
};
```

---

30 https://kubernetes.io/docs/concepts/workloads/controllers/deployment/

■ 定義 Service

而在部署 Kubernetes 的 Service 需要處理 Load Balancer 外部 Port 與內部
Service Port 的對應，處理方式如下，而更多 Service 部署方法可以參考
Kubernetes Documentation[31]。

```
const service = {
  apiVersion: "v1",
  kind: "Service",
  metadata: { name: "hello-kubernetes" },
  spec: {
    type: "LoadBalancer",
    ports: [ { port: 80, targetPort: 8080 } ],
    selector: appLabel
  }
};
```

■ 設定 Manifest

上個小節我們介紹過 addManifest 可以直接放入 Pod 的部署，而其實
addManifest 非常方便，可在 function 後面直接放入多個 Manifest，所以在最
後只要把 Service 與 Deployment 放入就可以完成了！

```
cluster.addManifest("mypod", service, deployment);
```

■ 顯示 Load Balancer

最後使用 CDK 把 Kubernetes 的 Service 位置印出來。

```
new cdk.CfnOutput(this, "LoadBalancer", {
  value: cluster.getServiceLoadBalancerAddress("hello-kubernetes"),
});
```

---

31 https://kubernetes.io/docs/concepts/services-networking/service/

整理好程式後我們使用 cdk deploy 來部署。

```
$ cdk deploy
# 中間省略

Outputs:
CdkEksWebStack.LoadBalancer = aef74ee277fe34ae6881fd8b798a82be-1274518086.
us-west-2.elb.amazonaws.com
# 以下省略
```

跑完之後開啟 Load Balancer 看看部署結果，重新整理多次後可以看到 Pod 的 ID
會改變。

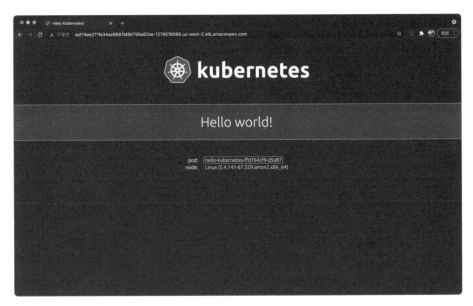

▲ 圖 7-28 AWS EKS 使用 EC2 部署 hello-kubernetes Service Pod d5x87（一）

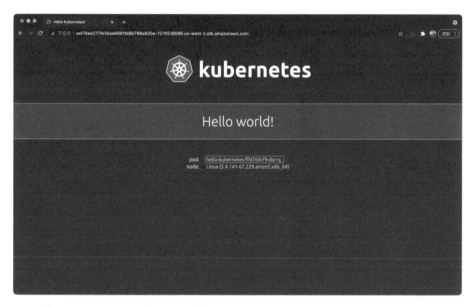

▲ 圖 7-29　AWS EKS 使用 EC2 部署 hello-kubernetes Service Pod dsrrq（二）

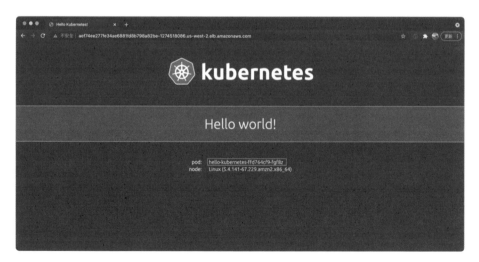

▲ 圖 7-30　AWS EKS 使用 EC2 部署 hello-kubernetes Service Pod fgf8z（三）

然後開啟 AWS Console 到 EC2 的 Load Balancer 會看到它確實幫我們創建了一個
Load Balancer。

▲ 圖 7-31 AWS EC2 Load Balancer 查看 AWS EKS 創建的 Load Balancer

還可以使用 kubectl 看一下目前的 LoadBalancer 位置是不是跟 CDK 顯示出來的一
樣。

```
$ kubectl describe services hello-kubernetes
Name:                    hello-kubernetes
# 中間省略
LoadBalancer Ingress:    aef74ee277fe34ae6881fd8b798a82be-1274518086.us-
west-2.elb.amazonaws.com
# 以下省略
```

最後，到 EKS 後台的 Workloads 點選 "hello-kubernetes"，在下方可以看到目前有
三個 Pods 被啟動，而且對應上面開的網頁是完全相同的。

▲ 圖 7-32 AWS EC2 Load Balancer 查看 AWS EKS 創建的 Load Balancer

而我們也可以使用 kubectl get pods 來查看目前 Pod 的數量

```
$ kubectl get pods
NAME                                READY   STATUS    RESTARTS   AGE
hello-kubernetes-ffd764cf9-d5x87    1/1     Running   0          4h12m
hello-kubernetes-ffd764cf9-dsrrq    1/1     Running   0          4h12m
hello-kubernetes-ffd764cf9-fgf8z    1/1     Running   0          4h12m
```

以上就是使用 EKS 架設有負載平衡服務的方法。

7.2 本章小結

本章就是 AWS CDK 搭配 AWS EKS 的各種方法，然而在使用 AWS CDK 上面不管是 ECS 或是 EKS 都會讓整個部署節省非常多的時間。此外，由於整個系統是使用程式的方法執行，因此所有的變更或是更新都可以經過 Code Review 來確保整個更新的安全性。

基本上在 AWS CDK 常用的功能到這邊已經介紹完畢，在這麼多的範例中不知道在使用上有沒有覺得一直使用 npm install 安裝套件很麻煩呢？我們開發 AWS CDK 一定要這麼麻煩嗎？有沒有方法可以幫忙解決這個繁瑣的步驟呢？下一章就帶你體驗 projen 這個工具，它可以解決我們遇到的這個繁瑣問題，趕緊來看看吧！

本段落範例程式碼：

https://github.com/clarencetw/cdk-eks-web

08
Chapter

AWS CDK 使用
Construct Library

8.1 使用 projen 讓 AWS CDK 更簡單更好處理

8.1.1 為什麼要使用 projen

▲ 圖 8-1 projen

前面說明了很多使用 AWS CDK 的方法，不過你有沒有在使用的時候發現一件事情？就是 AWS CDK 更新的速度實在是太快了！一兩個禮拜就可以更新一個版本，如果我們在使用的時候沒注意就直接使用 npm install 或是 yarn install，可能會發生一個情況就是模組版本不同的問題。像是我們到 package.json 可以看到目前在使用 "aws-ec2" 的套件版本

```
"@aws-cdk/aws-ec2": "^1.119.0"
```

但是在之後新增了 "aws-rds" 的功能所以執行了 npm install @aws-cdk/aws-rds，之後到 package.json 看了一下套件版本更新成

```
"@aws-cdk/aws-rds": "^1.120.0"
```

那在執行 AWS CDK 可能會造成一些問題。雖然說版本不同不一定會造成問題不過為了避免在執行時發生錯誤還是應該要讓它版本一致，而通常我們會執行

```
npm install @aws-cdk/aws-ec2@^1.120.0 @aws-cdk/ aws-rds @^1.120.0
```

或是

```
yarn add @aws-cdk/aws-ec2@^1.120.0 @aws-cdk/aws-rds @^1.120.0
```

來避免錯誤，但是這樣真的太麻煩了而且容易錯，而要解決此問題就可以使用
projen 來處理。

8.1.2 AWS CDK 專案更新成 projen 專案

8.1.2.1 創建 projen 專案

要把目前的專案更新成 projen 其實也很簡單，我們拿前面的 cdk-ec2-web 專案來
舉例。我們先建立一個新的專案專案名稱 projen-cdk-ec2-web，然後使用 projen
指令把它建立成 cdk app 專案。

> **注意！**
> ....
> 通常開發 cdk 專案命名方法都是 cdk- 後面接上專案用途，不過這邊為了不
> 讓專案名稱重複，所以改名叫做 projen-cdk-ec2-web。

```
$ mkdir projen-cdk-ec2-web && cd projen-cdk-ec2-web
$ npx projen new awscdk-app-ts
$ code .
```

建立後使用 VS Code 開啟可以看到它跟使用 cdk 指令建立出來的程式結構不太一
樣，通常我們會用到的只有以下兩個：

■ src/ - 原本我們建立在 bin 與 lib 的檔案都把它放在此目錄下面
■ .projenrc.js - 自動生成 package.js、tsconfig.json、gitignore、GitHub Workflows、
  eslint 與 jest 等檔案的設定檔

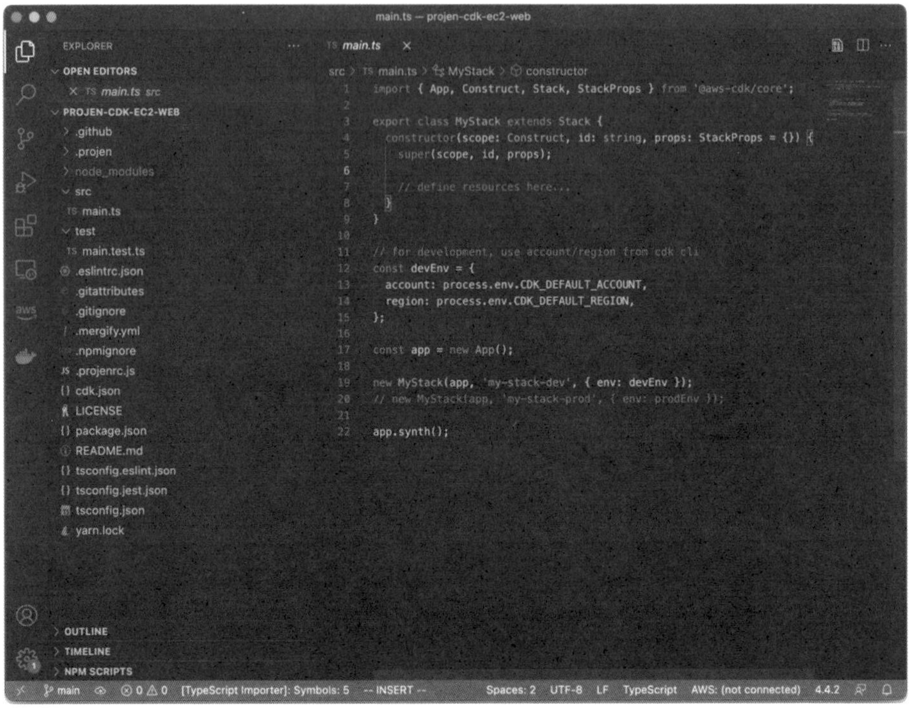

▲ 圖 8-2　projen awscdk-app-ts 預設專案

8.1.2.2　移動主程式到 src 資料夾

看完結構之後就可以來把舊專案整理成 projen 專案了，基本上更新滿簡單的，只需要 3 個步驟就可以完成。不過因為這個範例專案有使用到 configure.sh，所以會多一個步驟。

1. 首先是 bin/cdk-ec2-web.ts 把它修改成 src/main.ts 並且在最後加入

   ```
   app.synth();
   ```

2. lib/cdk-ec2-web-stack.ts 直接複製到 src/cdk-ec2-web-stack.ts

3. 根目錄的 ec2-configure 一樣直接複製到根目錄

4. 最後是 .projenrc.js 需要收集 bin/cdk-ec2-web.ts 與 lib/cdk-ec2-web-stack.ts 所使用到的模組，需要區分目前所使用模組的種類

    I. cdkDependencies：CDK 依賴模組。

    II. deps：Node.js 模組

    III. devDeps：開發時使用 Node.js 模組

整理後如下：

```
const { AwsCdkTypeScriptApp } = require('projen');
const project = new AwsCdkTypeScriptApp({
  cdkVersion: '1.95.2',
  defaultReleaseBranch: 'main',
  name: 'projen-cdk-ec2-web',
  cdkDependencies: [
    '@aws-cdk/aws-ec2',
    '@aws-cdk/aws-elasticloadbalancingv2',
    '@aws-cdk/aws-autoscaling',
    '@aws-cdk/aws-s3-assets',
  ],
  deps: [
    'source-map-support',
  ],
});
project.synth();
```

這時候我們就可以使用 npx projen 指令來處理 package.json 了！ 第一次執行完後，可以觀察到 package.json 裡面所有 "@aws-cdk" 都乖乖變成 "1.95.2" 了！

```
"dependencies": {
  "@aws-cdk/assert": "^1.95.2",
  "@aws-cdk/aws-autoscaling": "^1.95.2",
```

```
  "@aws-cdk/aws-ec2": "^1.95.2",
  "@aws-cdk/aws-elasticloadbalancingv2": "^1.95.2",
  "@aws-cdk/aws-s3-assets": "^1.95.2",
  "@aws-cdk/core": "^1.95.2",
  "source-map-support": "^0.5.20"
},
```

不過這個版本其實有點舊所以我們更新一下，將 cdkVersion 的版本號改成 "1.120.0"，再執行一次 npx projen 就可以看到 "@aws-cdk" 都乖乖更新成 "1.120.0" 版本。之後如果要升級 CDK 模組版本就會變得非常輕鬆了。

```
"dependencies": {
  "@aws-cdk/assert": "^1.120.0",
  "@aws-cdk/aws-autoscaling": "^1.120.0",
  "@aws-cdk/aws-ec2": "^1.120.0",
  "@aws-cdk/aws-elasticloadbalancingv2": "^1.120.0",
  "@aws-cdk/aws-s3-assets": "^1.120.0",
  "@aws-cdk/core": "^1.120.0",
  "source-map-support": "^0.5.20"
},
```

8.1.2.3 修改測試程式

檔案都修改完成了，下一步我們就可以執行 npx projen build 來編譯專案了，不過使用 projen 管理專案是一定要含有測試的。我們可以先把 test 資料夾下面的測試檔案都移除，然後執行 npx projen build 可以看到它會說 "Your test suite must contain at least one test." 專案必須至少有一個測試，不過 CDK 在 projen 上的測試其實滿好寫的，只要寫一個比對 Snapshot 的測試即可。

```
$ npx projen build
# 中間省略
```

```
👷 build » test | jest --passWithNoTests --all --updateSnapshot
--coverageProvider=v8
 FAIL  test/main.test.ts
  ● Test suite failed to run

    Your test suite must contain at least one test.

      at onResult (node_modules/@jest/core/build/TestScheduler.js:175:18)
      at node_modules/@jest/core/build/TestScheduler.js:316:17
      at node_modules/emittery/index.js:260:13
          at Array.map (<anonymous>)
      at Emittery.emit (node_modules/emittery/index.js:258:23)
```

我們可以觀察原本 main.test.ts 的測試檔案並修改一下。

首先修改一下 import 的部分，改成使用 cdkEc2WebStack

```
 import { CdkEc2WebStack } from '../src/cdk-ec2-web-stack';
```

然後修改原本使用 MyStack 的 Stack，改成使用 CdkEc2WebStack

```
 const stack = new CdkEc2WebStack(app, 'test');
```

接著移除 expect(stack).not.toHaveResource('AWS::S3::Bucket');

最後執行 npx projen build，通常只要做以上的修改就可以正常執行測試了，不過這時候我們執行其實會出現錯誤，這是因為我們在使用 VPC 的時候有使用了 ec2. Vpc.fromLookup() 的關係，所以需要修改一下帶入一個假的 account 與 region 來讓測試可以正常。

```
 const env = { region: 'us-east-1', account: '123456789012' };
 const stack = new CdkEc2WebStack(app, 'test', { env });
```

然後我們再執行一次 npx projen build 就會發現沒有錯誤了，如果以上看不懂可以直接看看結論。

```
1 import '@aws-cdk/assert/jest';
2 import { App } from '@aws-cdk/core';
3 import { CdkEc2WebStack } from '../src/cdk-ec2-web-stack';
4
5 test('Snapshot', () => {
6   const app = new App();
7   const stack = new CdkEc2WebStack(app, 'test');
8
9   expect(app.synth().getStackArtifact(stack.artifactId).template)
10    .toMatchSnapshot();
11 });
```

8.1.2.4 修改成 projen 後部署到 AWS 試試看

問題都解決後我們就可以回來做部署測試了，其實我們可以發現有沒有使用 projen 並不會改變我們使用 CDK 的方法。因為我們部署 CDK 一樣是直接在根目錄使用 npx cdk deploy，要比對 CloudFormation 一樣是使用 npx cdk diff，所以來執行看看吧！

```
$ cdk deploy
# 中間省略
Outputs:
CdkEc2WebStack.BastionHostBastionHostIdC743CBD6 = i-07232239c9dd53572
CdkEc2WebStack.PHPInfo = http://CdkEc-LB8A1-BQC7ICXT9WQA-992615228.us-
west-2.elb.amazonaws.com/phpinfo.php
# 以下省略
```

可以看到結果跟沒有使用 projen 一樣，而且又可以讓我們在開發上更方便。不過 projen 的威力不僅僅是如此，它最厲害的地方是在自行開發 CDK Construct Library 的時候，這個我們會在後面的章節提到。

8.1.2.5 使用 projen 排除檔案

其實在上一個小節我們就可以直接 commit 檔案進去 Git 了，不過不知道在這邊有沒有發現因為我們使用了 npx cdk deploy 跑出了記錄我們 AWS VPC 資訊的 context 文件 cdk.context.json。通常我們不會把這個檔案 commit 到 Git 裡面，而直覺來說我們會去修改 .gitignore 文件，但是打開會看到第一行寫著

```
1 # ~~ Generated by projen. To modify, edit .projenrc.js and run "npx
projen".
```

代表變更 .gitignore 需要變更 .projenrc.js，不然使用 npx projen 後會再變回來。如果有興趣可以試試看在 .gitignore 裡面修改資料，然後再執行 npx projen 會發現檔案又被改回來了。

那要怎麼變更呢？通常我會在 .projenrc.js 的 project.synth(); 上方新增兩行，把要加入 .gitignore 的檔案定義進去，像是現在要新增 cdk.context.json 我就會修改如下：

```
const common_exclude = ['cdk.context.json'];
project.gitignore.exclude(...common_exclude);
```

修改後再執行一次 npx projen 就會發現 cdk.context.json 被新增進去了，是不是很方便！

以上就是把 CDK 升級使用 projen 的方法。

‖ 8.2　本章小節

projen 這個工具其實非常的好用，它幫我們解決了很多在 AWS CDK 上繁瑣的檔案設定問題，但是它最厲害的還是在開發 CDK Construct Library 上，所以趕緊跟著我來體驗這個神器吧！

09
Chapter

製作 CDK
Construct Library

‖ 9.1 第一個 CDK Construct Library 範例

寫了這麼多的 AWS CDK 不知道有沒有想要自己寫一個 Library 的衝動，寫自己的 Library 可以把複雜的功能包起來，方便給其他人使用或給其他專案使用。例如要在 AWS 上面架設私人的 GitLab 需要非常多的設定步驟，那我們就可以把這段包成一個 Library，這樣就可以用簡單的幾行就把 GitLab 架設起來，聽起來有沒有覺得很興奮呀！

這個章節就來教你如何寫一個自己的 CDK Construct Library，不過不會拿一個架設 GitLab 這種題目來當範例，就簡單的拿前面的範例再做延伸。我們在 EC2 架設一個 Web Server，然後在裡面架設一個彩虹貓（Nyan Cat）[1] 的網頁服務，以此當成簡單的 Library 架設範例吧！

不過說到這邊不知道在使用 AWS CDK 的時候有沒有發現，官方在發布 CDK Library 的時候其實會同步發送到 npm 與 PyPI[2]，這一切的步驟都會在更新程式之後交給 GitHub Actions[3] 做自動化處理，而我們此章節也會同步教你如何借助 projen 的威力來自動完成這一連串的步驟。

---

1   https://github.com/cristurm/nyan-cat

2   https://pypi.org/

3   https://github.com/features/actions

9.1.1 計畫 Library 的介面

在開發第一步我們需要先想像一下使用者使用的介面長怎樣，假設使用者什麼都不給就只是呼叫我們建立的函數應該會長成如下：

```
new NyanCat(stack, 'NyanCat');
```

而我們會希望使用者可以自行指定 VPC，因為在設計上都使用 Default VPC 或是每次都創建新的 VPC 都不太符合使用，所以我們設計一個可以讓使用者放入 VPC 參數的地方。

```
new NyanCat(stack, 'NyanCat', { vpc });
```

9.1.2 使用 projen 建立 CDK Construct Library 專案

思考完介面後我們就可以來創建 CDK Construct Library 專案了，它的建立方法與 CDK app 很像，不過要注意我們要建立 **awscdk-construct** 不要輸入錯了！

在專案名稱上我使用 cdk-nyancat 來做範例，但是之後會有很多讀者重複實作此範例，所以我建議在**專案命名上可以改成在 cdk-nyancat** 後面加上自己的使用者名稱，例如 **cdk-nyancat-clarence**，可以讓實作更順暢。

```
$ mkdir cdk-nyancat && cd cdk-nyancat
$ npx projen new awscdk-construct
$ code .
```

▲ 圖 9-1　projen awscdk-construct 預設專案

在開始撰寫主程式之前我們還是先來觀察一下它的結構，基本上它與 awscdk-app-ts 差不多，不過預設的檔案不太一樣。我其實覺得它的範例檔案讓初學者不太知道要怎麼開始，沒關係跟著我的教學你也可以成為 CDK Construct Library 大師！

- src/：主程式位置
- test/：測試程式位置

不過在開始寫之前我建議可以把 npx projen watch 在下方打開（如圖 9-2）讓它開始關注我們的程式，如果我們在撰寫的過程中有錯誤它馬上會報錯我們就可以馬上修正它，而在關注的過程中它會自動生成程式到 lib 資料夾並且把 TypeScript 轉成 JavaScript。

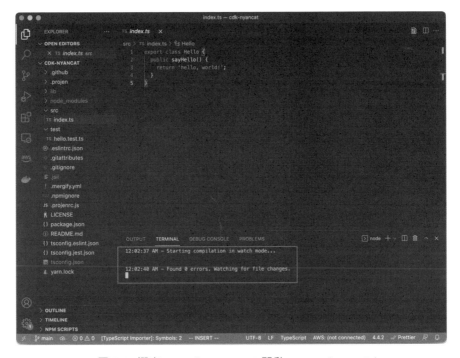

▲ 圖 9-2 撰寫 awscdk-construct 開啟 npx projen watch

例如我們在寫的時候中間突然出現一個編譯器看不懂的程式碼，下方的監聽程式
會馬上提醒錯誤，並且告訴我們需要修正。

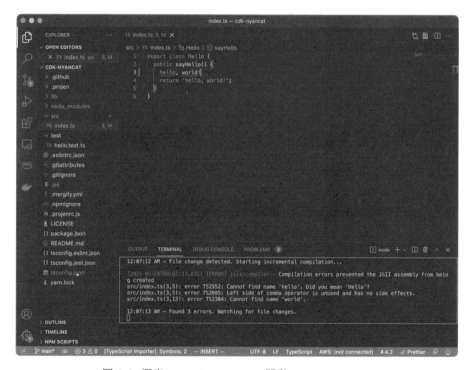

▲ 圖 9-3　撰寫 awscdk-construct 開啟 npx projen watch

9.1.3　撰寫 CDK Construct Library 主程式

在開始之前我們先打開 projen 設定檔 .projenrc.js，首先要處理三件事情：

1. cdkDependencies：把這次需要用到的模組先放進去，這次需要用到的有如下
    三個：

    I.　@aws-cdk/core：AWS CDK 核心

    II.　@aws-cdk/aws-ec2：用於創建 EC2

    III. @aws-cdk/aws-s3-assets：用於存放 User Data Shell 腳本

2. gitignore：後面做部署測試會產生 cdk.out 與 cdk.context.json，所以我們要先
    排除它。

3. npmignore：projen 預設會處理 npm 的 release，而我們不希望 release 的檔案
   有包含 cdk.out 與 cdk.context.json，所以一樣要設定排除。

整理後的 .projenrc.js 如下，編輯之後先執行 npx projen 讓 projen 幫我們處理 CDK
模組。

```
const { AwsCdkConstructLibrary } = require('projen');
const project = new AwsCdkConstructLibrary({
  author: 'Clarence',
  authorAddress: 'me@clarence.tw',
  cdkVersion: '1.95.2',
  defaultReleaseBranch: 'main',
  name: 'cdk-nyancat',
  repositoryUrl: 'https://github.com/clarencetw/cdk-nyancat.git',
  cdkDependencies: [
    '@aws-cdk/core',
    '@aws-cdk/aws-ec2',
    '@aws-cdk/aws-s3-assets',
  ],
});
const common_exclude = ['cdk.out', 'cdk.context.json'];
project.npmignore.exclude(...common_exclude);
project.gitignore.exclude(...common_exclude);
project.synth();
```

然後開始撰寫主程式，首先在 src/index.ts 把全部的範例程式移除，開始建立我
們的核心程式，在第一行把模組 import 進去。

```
import * as path from 'path';
import * as ec2 from '@aws-cdk/aws-ec2';
import * as assets from '@aws-cdk/aws-s3-assets';
import * as cdk from '@aws-cdk/core';
```

然後準備一個給 NyanCat function 塞變數的 Props，這邊因為我們只有指定要給 VPC，所以設計起來如下。如果之後有想要加入其他的設定都在這邊加入，就可以讓整個程式變的很乾淨，例如我們也可以讓使用者自行指定 instanceType，不過這個留到後面介紹。

```
/**
 * The interface for NyanCat
 */
export interface NyanCatProps {
  /**
   * The VPC
   */
  readonly vpc?: ec2.IVpc;
}
```

然後我們在下方建立一個 cdk.Construct 後面寫的內容都會放在這個 Construct 裡面

```
export class NyanCat extends cdk.Construct {
  constructor(scope: cdk.Construct, id: string, props: NyanCatProps = {}) {
    super(scope, id);

  }
}
```

建立好之後

- 第一步：
  先處理 VPC 的部分，這邊會確定 NyanCatProps 有沒有給 vpc 值如果有就使用使用者給的 VPC，如果沒有我們就幫它開一個含有三個 AZ 的 VPC 並且指定 NAT Gateway 為 0。

```
const vpc = props.vpc ?? new ec2.Vpc(this, 'Vpc', {
  maxAzs: 3,
  natGateways: 0
});
```

■ 第二步：
處理要給 EC2 執行 User Data 的資料，在這邊我們一樣在根目錄建立一個 ec2-configure 的資料夾，並且在裡面放入 configure.sh 腳本。

```
const asset = new assets.Asset(this, 'Asset', {
  path: path.join(__dirname, '../ec2-configure/configure.sh')
});
```

■ 第三步：
編輯 configure.sh 腳本，它的工作用於安裝 Git 與 NGINX，安裝完後把彩虹貓的網頁放到 NGINX 預設的網頁目錄上面，如此只要打開網頁就可以看到彩虹貓了！

```
#!/bin/bash
yum update -y
yum install -y git
amazon-linux-extras install -y nginx1
systemctl start nginx
systemctl enable nginx
rm -rf /usr/share/nginx/html
git clone https://github.com/cristurm/nyan-cat.git /usr/share/nginx/html
```

■ 第四步：
建立一台 EC2 Instance，因為只是一台 Web Server 所以我們直接把機器放在 Public Subnet。

```
const instance = new ec2.Instance(this, 'Instance', {
  vpc,
  instanceType: ec2.InstanceType.of(
    ec2.InstanceClass.T3,
    ec2.InstanceSize.NANO,
  ),
  machineImage: new ec2.AmazonLinuxImage({
    generation: ec2.AmazonLinuxGeneration.AMAZON_LINUX_2
  }),
  vpcSubnets: {
    subnetType: ec2.SubnetType.PUBLIC,
  },
});
```

- 第五步：

  設定 Security Group 把 80 Port 設定全部通過。

  ```
  instance.connections.allowFromAnyIpv4(ec2.Port.tcp(80));
  ```

- 第六步：

  處理上傳到 S3 的資料可以給 EC2 存取，並且讓 EC2 執行 User Data。

  ```
  const localPath = instance.userData.addS3DownloadCommand({
    bucket: asset.bucket,
    bucketKey: asset.s3ObjectKey,
  });
  instance.userData.addExecuteFileCommand({
    filePath: localPath,
    arguments: '--verbose -y',
  });
  asset.grantRead(instance.role);
  ```

■ 第六步：

最後印出一個可以直接連線的 Log。

```
new cdk.CfnOutput(this, 'InstanceIP', {
  value: `http://${instance.instancePublicDnsName}`,
});
```

到這邊我們的主程式就已經寫完了，不過寫完後我們需要使用看看並且執行部署到我們的 AWS 帳號上面才知道有沒有問題，所以在這邊我們建立一個 src/integ.default.ts 的檔案來寫我們的部署。

■ 第一步：

部署我會使用 Default VPC 來做測試，所以需要引用 @aws-cdk/aws-ec2。而這邊最重要的是我們需要引入剛剛寫的模組所以直接使用 ./index 來引用 NyanCat。

```
import * as ec2 from '@aws-cdk/aws-ec2';
import * as cdk from '@aws-cdk/core';
import { NyanCat } from './index';
```

■ 第二步：

初始化 CDK Stack 並且設定 ENV。

```
const app = new cdk.App();

const env = {
  region: process.env.CDK_DEFAULT_REGION,
  account: process.env.CDK_DEFAULT_ACCOUNT,
};

const stack = new cdk.Stack(app, 'stack', { env });
```

- 第三步：

  建立 Default VPC

  ```
  const vpc = ec2.Vpc.fromLookup(stack, 'VPC', {
    isDefault: true,
  });
  ```

- 第四步：

  最後呼叫 NyanCat 函數

  ```
  new NyanCat(stack, 'NyanCat', {
    vpc,
  });
  ```

寫完以上我們就可以來做部署測試了，在部署上我們一樣使用 npx cdk 來部署，而部署指令使用介紹過的 npx cdk --app 使用指定檔案的方法來部署，而部署的檔案使用 lib/integ.default.js 也就是 src/integ.default.ts 生成的檔案。

```
$ npx cdk --app lib/integ.default.js deploy
# 中間省略

Outputs:
stack.NyanCatInstanceIP9968D7C8 = http://ec2-34-209-10-73.us-west-2.
compute.amazonaws.com
# 以下省略
```

> **Tips** 錯誤處理
> ....
> 如果在執行 npx cdk --app lib/integ.default.js deploy 的時候出現錯誤，請參考「A.5 CDK 錯誤處理」。

部署完後打開網址可以看到我們部署的 NyanCat 畫面。

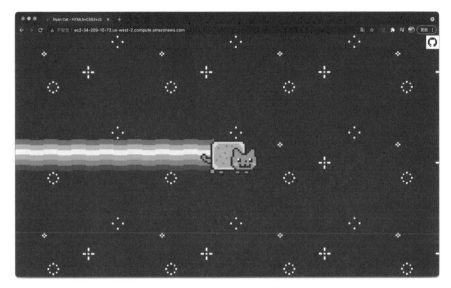

▲ 圖 9-4 使用 integ.default.js 部署 NyanCat

測試部署成功後就可以把它移除了，這邊只是要測試部署是否正常不用留它太久。

```
$ npx cdk --app lib/integ.default.js destroy
Are you sure you want to delete: stack (y/n)? y
stack: destroying...
# 以下省略
```

9.1.4 撰寫 CDK Construct Library 測試

確定部署成功後就可以來寫我們的測試，projen 預設的 hello.test.ts 範例我覺得很難理解我建議直接移除，建立一個測試檔案命名為 default.test.ts，然後就可以來寫我們的測試了，其實它的撰寫方法與 integ.default.js 相似，我們主要要拿它跟 Snapshots 做比對，如果測試起來一樣就代表測試成功。

- 第一步：

  引入與 integ.default.js 一樣的模組。

  ```
  import * as ec2 from '@aws-cdk/aws-ec2';
  import * as cdk from '@aws-cdk/core';
  import { NyanCat } from '../src/index';
  ```

- 第二步：

  後面可能還會再加入更多的測試，所以一開始我們先把幾個共用的測試參數直接放在全域裡面。

  ```
  let app: cdk.App;
  let env: { region: string; account: string };
  let stack: cdk.Stack;
  ```

- 第三步：

  而後面如果有多個測試我們都會需要使用到 app, env 與 stack，所以一開始的初始化直接用 beforeEach 來做初始化設定。

  ```
  beforeEach(() => {
    app = new cdk.App();
    env = {
      region: 'us-east-1',
      account: '888888888888',
    };
    stack = new cdk.Stack(app, 'demo-stack', { env });
  });
  ```

- 第四步：

  程式內容與 integ.default.js 一樣，唯一不同的是最後我們把產生出來的 template 與 snapshot 做一個比對，如果比對成功就是測試成功。

  ```
  test('Snapshot - NyanCat', () => {
    const vpc = ec2.Vpc.fromLookup(stack, 'VPC', {
      isDefault: true,
  ```

```
});

new NyanCat(stack, 'NyanCat', {
  vpc,
});

expect(app.synth().getStackArtifact(stack.artifactId).template).
  toMatchSnapshot();
});
```

寫完後可以直接執行 npx projen test 或是 yarn run test 就會開始執行測試，測試成功就可以看到如圖 9-5 的結果。

測試之後我們會看到 test/__snapshots__ 資料夾被創建出來了，而裡面會有一個 default.test.ts.snap 的 snapshot 檔案，如果有興趣可以打開來看看，裡面就是一個 CloudFormation 的 template。

▲ 圖 9-5　使用 npx projen test 測試 NyanCat 的 CDK Construct Library

現在我們可以 Commit 目前的狀態到 Git 了，但是在 Commit 之前我建議 Commit 訊息可以使用約定式提交 [4]（Conventional Commits），如果暫時對這部分沒有研究可以直接使用 "feat: add cdk nyancat" 做為 Commit 訊息。

9.1.5 上傳 CDK Construct Library 到 GitHub

在上傳 Construct Library 到 GitHub 之前，我們要先到 npm 新增一個 Access Token 用來自動上傳我們的 Library 到 npm。因為預設 projen 會創建一個 .github/workflows/release.yml 的腳本用來 release 我們的專案到 npm 上面，如果不新增就會看到 GitHub Actions 跑錯誤。

9.1.5.1 創建 npm Access Token

首先我們先註冊 npm 帳號之後開啟帳號後點選左上角的 Access Tokens。

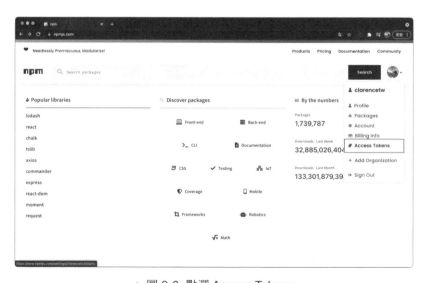

▲ 圖 9-6 點選 Access Tokens

4　https://www.conventionalcommits.org/zh-hant/

進來之後點選右上角的 Generate New Token 產生一把新的 Token。

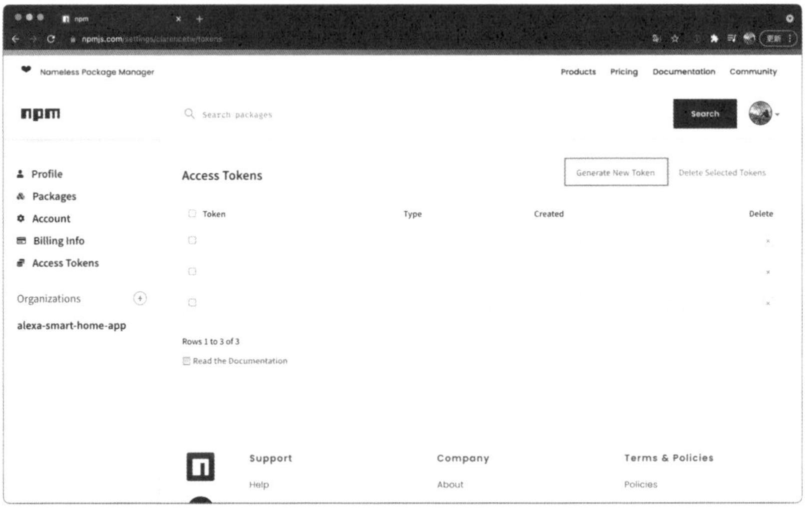

▲ 圖 9-7 使用 Generate New Token 產生 Token

點開 Generate New Token 後它會問我們 Token 的型態選擇 Automation，因為這把 Access Token 是要給 GitHub Action 所使用的。

▲ 圖 9-8 npm Token 類型選擇 Automation

然後我們就會在上方看到一把 Access Token。

▲ 圖 9-9　產生 npm Access Token

9.1.5.2 填入 npm Access Token 到 GitHub Secrets

產生 npm Access Token 之後我們要把 Token 填入 GitHub 專案 Actions Secrets，首先開啟專案後點選右上角的 Settings 然後點選左邊的 Secrets。

▲ 圖 9-10 開啟 GitHub 專案 Settings 點選左側 Secrets

開啟後點擊右上的 New repository secret 新增 Secrets。

▲ 圖 9-11 點選 New repository secret 新增 Secrets

填入 New secret 而它的名稱預設是 **"NPM_TOKEN"**。

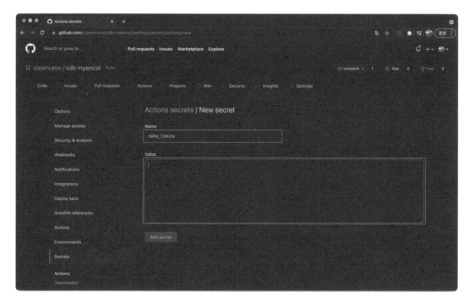

▲ 圖 9-12 Actions secrets 填入 New secret

9.1.5.3 Push NyanCat 到 GitHub Repo

上傳 NyanCat 的 Git 到 GitHub 後會看到右上角亮黃燈,代表目前正在跑 GitHub Action,然後可以點選上方的 Actions 看看目前情況。

▲ 圖 9-13 點選上方的 Actions 看看目前情況

點開後可以看到正在跑的 Workflow，可以再點開它看詳細狀態。

▲ 圖 9-14 點選 Workflow 看目前詳細狀態

GitHub Actions 跑完之後可以看到全部都是綠燈，如此就是 Release 完成了。在下方可以看到它處理了 GitHub Releases 與 Publish to npm。

▲ 圖 9-15 使用 npx projen test 測試 NyanCat 的 CDK Construct Library

我們可以點開 Repo 首頁右側的 Releases 或是直接使用開啟 Release 網址 https://github.com/clarencetw/cdk-nyancat/releases 可以看到 Features Release 訊息也被自動放入了。

▲ 圖 9-16 看到 Commit 訊息自動加入 Release 的 Features 訊息

9.1.5.4 查看 npm 發布

看完 GitHub Release 之後可以打開 npm 發布的專案，會看到它也正常發布上去了
https://www.npmjs.com/package/cdk-nyancat。

> **注意！**
> ·········
> npm 打開的專案網址就是前面建立的 GitHub Repo 名稱，例如前面建立
> 的專案名稱是 cdk-nyancat-clarence，那我們的 npm 網址就是 https://www.
> npmjs.com/package/cdk-nyancat-clarence。
>
> 如果打開網址出現 404，那可能是前面的 GitHub Actions 有錯誤需要去檢
> 查錯了什麼。而如果打開網址之後看到 Collaborators 不是自己的 GitHub 帳
> 號那就是你跟其他使用者專案名稱衝突了，我會建議換個專案名稱然後重
> 新做一遍通常就會正常了。

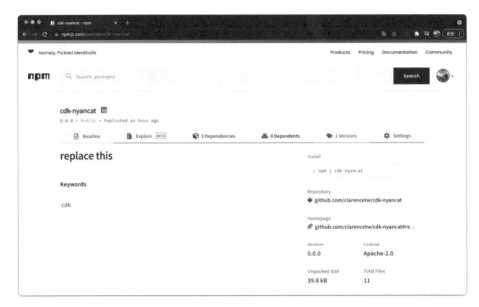

▲ 圖 9-17 打開 npm 查看發布的 CDK 專案

9.1.6 發步 CDK Construct Library 到 PyPI

9.1.6.1 註冊 PyPI 與取得 PyPI API Token

在發布專案到 PyPI 之前我們還是要先註冊帳號並且取得 API token，註冊後點選左側的 Account settings。

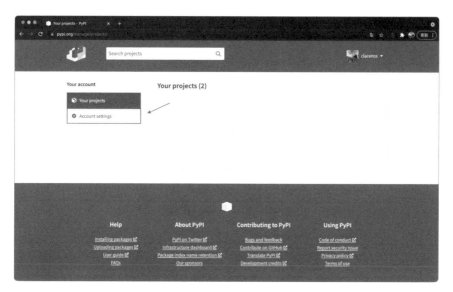

▲ 圖 9-18 打開 PypI 點選 Account settings

開啟後往下滑找到 Add API token 的按鈕選擇它新增 API token。

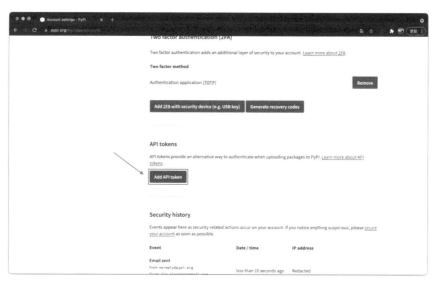

▲ 圖 9-19 打開 PypI 點選 Add API token

上方的 Token name 我通常會用專案名稱來建立，而下方的 Scope 在專案還沒創建的情況下只能選擇 "Entire account（all projects）"。之後等專案創建完畢可以把這把 Token 移除，然後創建只能存取特定專案的 Token。

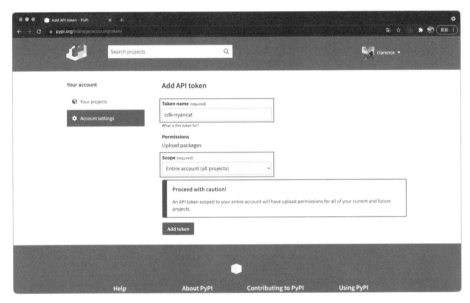

▲ 圖 9-20 創建 PypI API Token

點選 Add token 後一樣記得把上方的 Token 記好，下一步把它放到 GitHub Secrets 裡面。

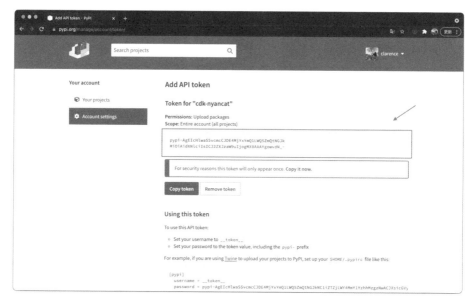

▲ 圖 9-21 紀錄 PyPI API Token

再來一樣開啟 GitHub 的 Secrets 頁面 PyPI 預設的 Secret 名稱是 **TWINE_ USERNAME** 與 **TWINE_PASSWORD**。

> **注意！**
> ·········
> 注意它與 npm 不太一樣，它有兩個參數一個 USERNAME 與 PASSWORD，而
> 且 USERNAME 的部分要填入 **__token__**。

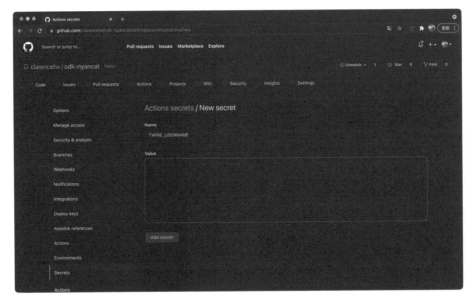

▲ 圖 9-22 GitHub Secrets 填入 PyPI USERNAME 與 PASSWORD

9.1.6.2 註冊 Mergify 讓 GitHub 支援自動批准與自動合併

在 GitHub 上面有一個非常好用的服務叫做 Mergify[5]，它可以幫助我們在很多情況下做自動化處理。像是我們更新一個功能會讓 GitHub Actions 跑自動測試看看有沒有問題，並且通知同事做 Code Review（代碼審查）。然而我並不知道同事什麼時候有空所以通常就只能等到同事 Code Review 完確定沒問題才可以來按下合併。如此的流程卡到很多人的時間，這時候使用 Mergify 就可以幫我們解決這個問題。它可以自動持續關注這個修改等到有人 Code Review 後就自動幫我們按下 Merge，因此在寫完更新後就可以準備去休息或是做下一件事情，讓這個流程不會卡在需要手動 Merge 的流程加速開發。

---

5 https://mergify.io/

通常要支援 Mergify 是需要寫 Mergify 的設定檔的，不過 projen 在這邊已經自動產生好了，所以只需要註冊它就可以。

Mergify 的安裝可以參考官方文件 [6]，不過簡單來說就是登入我們的 GitHub 帳號之後給予 Mergify 權限就可以了，我通常是直接給它所有專案的權限這樣之後有開設新的專案就不用設定權限了。

9.1.6.3 修改 projen 支援 PyPI 發布

開始之前我們先在 Git 開一個 Branch 再來修改 .projenrc。這次的修改其實很簡單，我們只要在裡面加入 publishToPyPi 就可以了。

```
const project = new AwsCdkConstructLibrary({
  author: 'Clarence',
  authorAddress: 'me@clarence.tw',
  cdkVersion: '1.95.2',
  defaultReleaseBranch: 'main',
  name: 'cdk-nyancat',
  repositoryUrl: 'https://github.com/clarencetw/cdk-nyancat.git',
  cdkDependencies: [
    '@aws-cdk/core',
    '@aws-cdk/aws-ec2',
    '@aws-cdk/aws-s3-assets',
  ],
  publishToPypi: {
    distName: 'cdk-nyancat',
    module: 'cdk_nyancat',
  },
});
```

---

6   https://docs.mergify.io/getting-started/

修改後先執行一次 npx projen 會發現它修改了 .github/workflows/release.yml 確定修改後就可以直接 Commit 了。還對約定式提交不熟悉的讀者我會使用 "chore: support pypi release" 做為 Commit 訊息，Commit 後就可以把這個 Branch push 上去了，之後到 GitHub 的 Repo 頁面會看到有一個 "Compare & pull request" 的按鈕把它按下去。

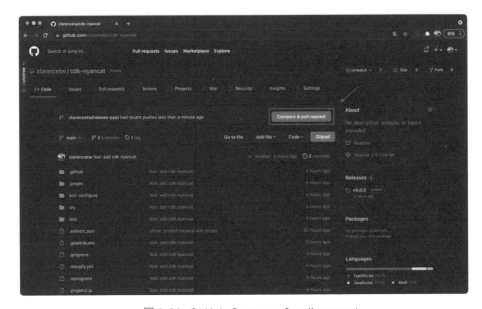

▲ 圖 9-23　GitHub Compare & pull request

接下來看到 Open a pull request 頁面如果沒有需要修改的訊息就直接按下 "Create pull request"。

▲ 圖 9-24　GitHub Create pull request

然後我們就可以看到 GitHub Actions 在自動幫我們跑腳本了，全部都是綠燈我們就可以按下 "Merge pull request" 了。

Pull Request 紀錄：https://github.com/clarencetw/cdk-nyancat/pull/1

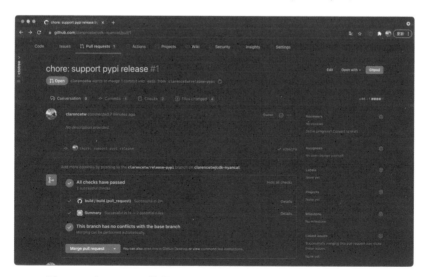

▲ 圖 9-25　在 GitHub 使用 Pull Request 更新程式支援自動發布 PyPI

按下 "Merge pull request" 後再等一段時間就可以打開 PyPI 的頁面看到我們的 Library 發布成功了，如此之後使用 Python 的使用者就也可以使用我們開發的 CDK Construct Library 了！

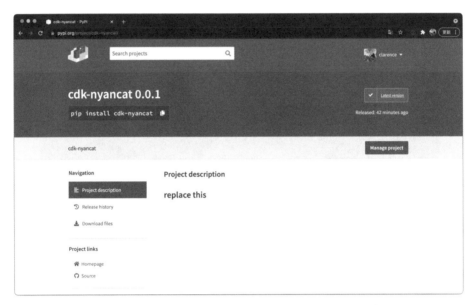

▲ 圖 9-26 打開 PyPI 頁面看到 cdk-nyancat 發布成功

9.1.7 產生 CDK Construct Library 文件

前面有提過 projen 其實可以自動幫我們產生 API 文件，只要有認真寫註解這部分是可以自動化完成的，而產生的指令是執行 npx projen docgen。

9.1.8 更新 CDK Construct Library

前面有提過我們其實還可以在這個 Construct Library 裡面加入讓使用者自行輸入 Instance Type 的功能，所以我們就用這個範例來說明如果要更新程式的時候應該怎麼做，我們還是開一個新的 Branch 來處理這個更新。

■ 第一步：

修改 index.ts 我們需要加入一個 Instance Type 的 Props 讓使用者在呼叫函數的時候可以放入。

```
15  /**
16   * The Instance Type
17   *
18   * @default - t3.nano
19   *
20   */
21  readonly instanceType?: ec2.InstanceType;
```

然後修改一下建立 EC2 Instance 的函數，如果有外部輸入參數就使用外部輸入參數，如果沒有外部輸入參數預設給它一台 t3.nano 的 EC2 Instance。

```
33      instanceType: props.instanceType ?? ec2.InstanceType.of(
34        ec2.InstanceClass.T3,
35        ec2.InstanceSize.NANO,
36      ),
```

■ 第二步：

修改 integ.default.ts 後部署看看會不會有問題。

```
18 new NyanCat(stack, 'NyanCat', {
19  vpc,
20  instanceType: ec2.InstanceType.of(
21    ec2.InstanceClass.T3,
22    ec2.InstanceSize.SMALL,
23  ),
24});
```

■ 第三步：

如果 integ.default.ts 的部署是正常的就來修改 default.test.ts 的測試，把呼叫的
函數改成如上的使用。

以上的修改方法只是一個範例，事實上需要修改什麼還是以當時的需求來評斷。
如果都好了我們執行 npx projen build，如果正常執行完成代表這個更新沒有問
題，而這邊會跑出一個新的檔案 API.md。前面提過使用 projen 它其實會自動幫
我們處理文件，如果要手動執行可以使用 npx projen docgen。那沒有問題後我們
就可以把它 Commit 進去 Git 了，在這邊我的 Commit 訊息會使用 "feat(nyancat):
support instance type" 代表更新 nyancat 的功能。

然後我們在 GitHub 建立完 Pull Request 後可以看到目前是一個等待 Merge pull
request，也就是一個等待其他人做 Code Review 的狀態，而我們前面有提過
Mergify 可以自動幫我們做 Merage，所以我們可以先點開 Mergify Summary 的
Details 來看看。

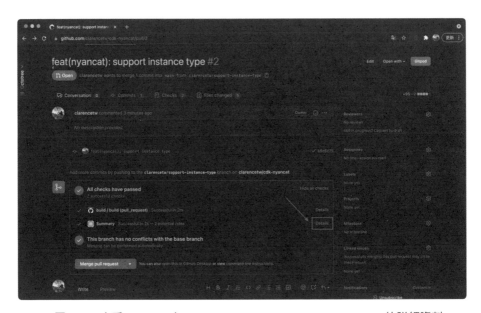

▲ 圖 9-27 查看 Merage 在 feat(nyancat): support instance type 的詳細資料

點開 Mergify Summary 的 Details 後可以看到三個條件都達成就會自動 Merage，
而我們現在缺少的就是至少一個人來 Review 程式。

▲ 圖 9-28　查看 Merage 自動 Merage 的條件

所以這邊我們模擬另一個使用者來 Review 程式，通常這個角色應該是同事或
是一起開發專案的夥伴，他可以先找到這個 Pull requests 然後點選上方的 "Files
changed" 在一邊查看檔案的時候勾選 Viewed 等查看完畢後點選右上的 "Review
changes"，之後會彈出選擇 "Approve" 就可以了。

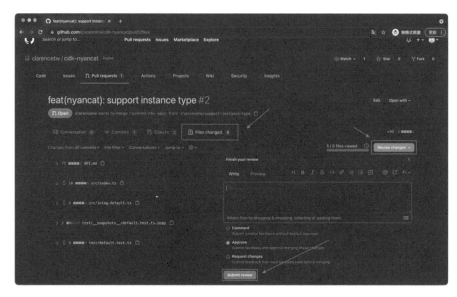

▲ 圖 9-29　使用者做 Code Review

另一個使用者 Approval 之後就可以在下方的紀錄看到。

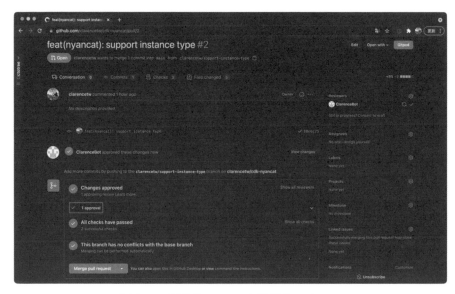

▲ 圖 9-30　使用者 Approval 這筆 Pull Request

在等一段時間就可以看到 Mergify 自動來 Merge 並且移除這個 Branch 了。

Pull Request 紀錄：https://github.com/clarencetw/cdk-nyancat/pull/2

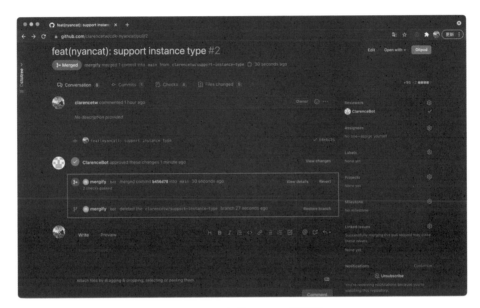

▲ 圖 9-31 Mergify 自動 Merge 與移除 Branch

9.1.9 CDK Construct Library 自動升級依賴

接下來我們來說說升級依賴的問題，因為 npm 有依賴模組的特性還有安全漏洞修補需要注意，如果你手上的專案很多根本沒有這麼多時間可以手動更新而且容易遺漏。而這個問題在 projen 的設計上都有顧慮到，不過我們需要手動修改 projen 設定。這個部分並不是預設開啟的，所以這個小節就來帶你開啟這個功能。

9.1.9.1 取得 GitHub Personal Access Token

在說明如何開啟排程升級之前我們需要先取得 GitHub Personal Access Token，讓它來幫我們處理這件事情。

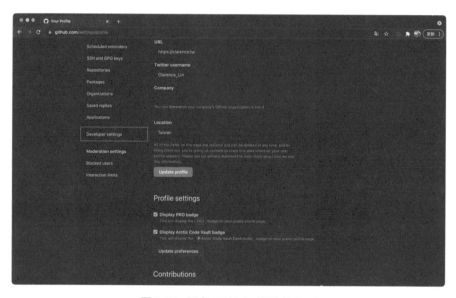

▲ 圖 9-32 開啟 GitHub 使用者 Profile

開啟後點擊左側的 "Personal access tokens" 然後點選上方的 "Generate new token"

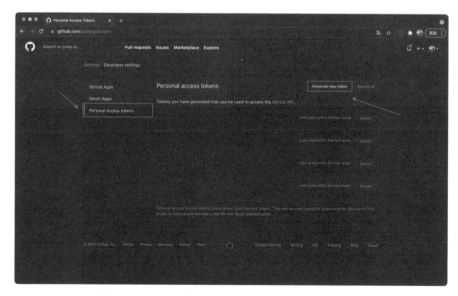

▲ 圖 9-33 GitHub 使用者 Personal access tokens 列表

通常我會習慣為每個專案都產生不同的 Token 這樣方便管理，所以在 Note 的地方我會填入專案名稱，下面的 **Expiration** 通常會選擇一段時間會過期，這樣對於安全性上會比較有保障，不過這樣會變成一段時間就需要去更新 **Token**，所以過期時間就讓你自行決定了！而下面的 scopes 選擇 "workflow" 就可以產生 Token 了。

▲ 圖 9-34 GitHub 申請 Personal access tokens

產生後的 Access Token 在上方記得要保管好。

▲ 圖 9-35 GitHub 產生 Personal access tokens

然後拿著 Token 就可以把它填入專案的 Secret 裡面了這次所使用的 Secret Name
是 **PROJEN_GITHUB_TOKEN**。

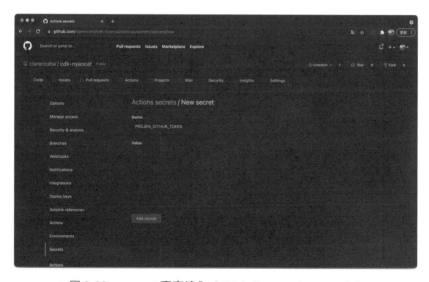

▲ 圖 9-36 nyancat 專案填入 GitHub Personal access token

9.1.9.2 新增 projen 支援定期自動升級依賴

在 projen 設定上一樣修改 .projenrc 把它加入到設定檔裡面後執行 npx projen。

```
projenUpgradeSecret: 'PROJEN_GITHUB_TOKEN',
autoApproveOptions: {
  secret: 'GITHUB_TOKEN',
  allowedUsernames: ['clarencetw'],
},
autoApproveUpgrades: true,
```

執行後會看到有蠻多的檔案被更新了，主要有 .github/workflows/upgrade.yml 與 .github/workflows/auto-approve.yml，一樣開一個 Branch 新增它 Commit 訊息就叫要它 "chore: support schedule upgrade" 好了！而這個 Pull Request 我們就直接手動處理一下比較快。

Pull Request 紀錄：https://github.com/clarencetw/cdk-nyancat/pull/3

9.1.9.3 projen 定期自動升級依賴

更新成功之後它就會每天自動升級了而升級時間可以觀察一下 .github/workflows/upgrade.yml，可以看到它的 Cron 是 "0 0 * * *" 也就是說預設是 UTC+0 時區的 0 點；台灣時間的早上 8:00。

```
3 name: upgrade
4 on:
5   workflow_dispatch: {}
6   schedule:
7     - cron: 0 0 * * *
```

9.1.9.4 projen 定期自動升級依賴沒有自動 Merge

有時候自動升級可能會沒有自動 Merge，例如我們可以一起看到這個紀錄 projen 自動幫我們開了一個 Pull Request 並且也自動 approved，理論上應該會自動 Merge，但是並沒有這時候我們就可以打開看一下 Mergify 的 Details。

Pull Request 紀錄：https://github.com/clarencetw/cdk-nyancat/pull/4

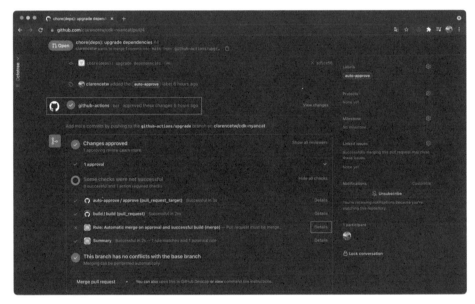

▲ 圖 9-37　查看 chore(deps): upgrade dependencies 的 Mergify Details

在這邊我們可以看到因為這次的更新有動到 .github/workflows 所以只能手動處理。

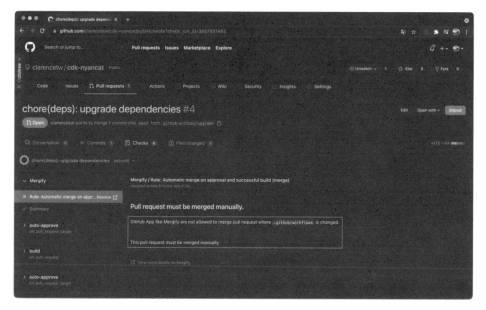

▲ 圖 9-38 Mergify 偵測到有變更 .github/workflows 需要手動處理 Merge

9.1.9.5 projen 定期自動升級依賴自動 Merge

正常情況下我們會看到 Mergify 自動 Merge 並且自動把 Branch 移除。

Pull Request 紀錄：https://github.com/clarencetw/cdk-nyancat/pull/5

▲ 圖 9-39 Mergify 正常處理定期自動升級自動 Merge

9.2 本章小結

以上就是使用 CDK Construct Library 在 GitHub 上面開發的流程，基本上使用 projen 在開發 CDK Construct Library 上面非常的簡單，它可以幫我們省掉很多複雜的程序，並且也多了很多自動的化的工具在多人開發上會非常有幫助。

projen 的使用不限於 AWS CDK 的開發在很多專案上面都可以使用，如果有需要不妨去試試看，而使用方法大同小異，希望本章節有幫助到你！

A

Appendix

附錄

A.1 安裝 Visual Studio Code 並安裝 AWS Toolkit

現在非常多的開發者都會直接使用 Visual Studio Code（簡稱 VS Code）來編寫程式，而我們開發 AWS CDK 也同樣可以使用 VS Code 來開發，那我們就來看看 VS Code 如何安裝吧！

首先先到 VS Code 官網 [1] 下載 VS Code 安裝檔並且安裝它。

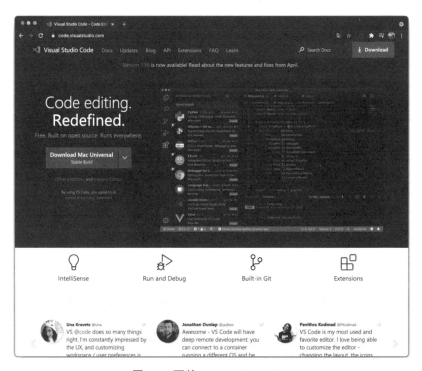

▲ 圖 A-1 下載 Visual Studio Code

1　https://code.visualstudio.com/

安裝完之後下載 AWS Toolkit[2] 並安裝。

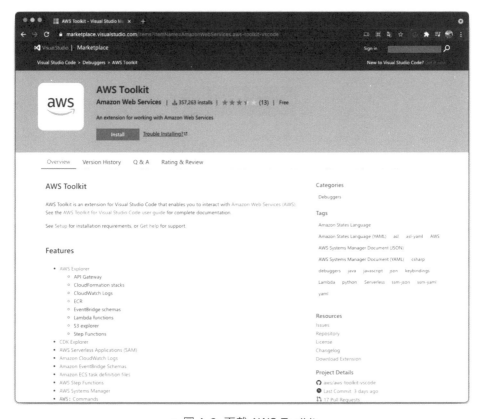

▲ 圖 A-2　下載 AWS Toolkit

2　https://marketplace.visualstudio.com/items?itemName=AmazonWebServices.aws-toolkit-vscode

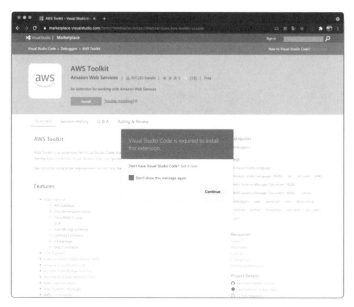

▲ 圖 A-3 按下確定安裝擴充套件

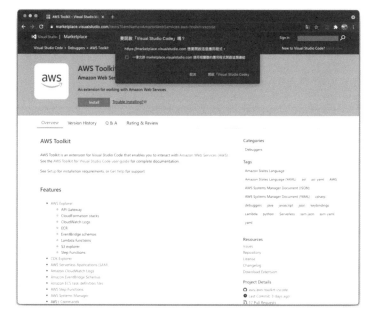

▲ 圖 A-4 同意瀏覽器開啟 VS Code

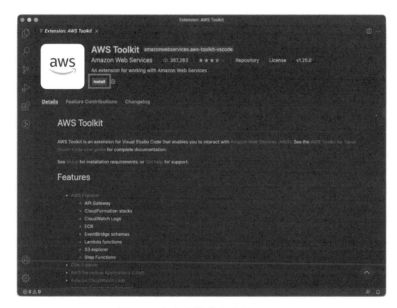

▲ 圖 A-5　出現安裝畫面後按下 install

▲ 圖 A-6　安裝成功後左方會出現 AWS 的圖示

如果是 Mac 版本的使用者建議安裝 command line，安裝方法開啟 Command Palette (Cmd+Shift+P) 輸入 Shell Command 直接安裝

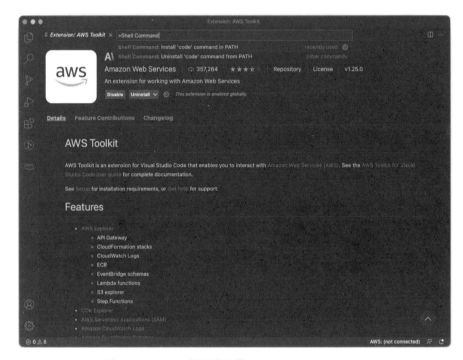

▲ 圖 A-7 macOS 使用者安裝 VS Code command line

A.2 安裝 TypeScript 套件使用 npm 或 Yarn

▲ 圖 B-1 npm

在 TypeScript 或是 Node.js 的使用中經常需要使用套件管理器來安裝套件,而在使用上有兩個可以選擇 Node Package Manager 通常稱 npm,它是原生 Node.js 就支援的套件管理系統,因此不用特別安裝把 Node.js 裝起來的時候它就已經有了,不過它最大的問題是它的安裝有點慢。

▲ 圖 B-2 Yarn

所以後來有了 Yarn 它的套件安裝速度通常都比 npm 快,但因為它不是原生就支援的因此需要安裝它,安裝方法很簡單經過 npm 使用一行指令即可安裝完成。

```
$ npm install --global yarn
```

在使用上通常看習慣來使用有的使用者是 npm 派的有的使用者是 Yarn 派的,俗話說的好會抓老鼠的貓就是好貓,本書並不會比較哪個比較好,所以就看大家想要使用哪個,下方整理一個表來說明它們有哪些指令可以使用。

npm	Yarn	指令說明
npm init	yarn init	初始化專案
npm test	yarn test	執行測試
npm outdated	yarn outdated	檢查版本過期套件
npm publish	yarn publish	發布套件到 npm
npm run	yarn run	執行 script
npm cache clean	yarn cache clean	移除本地 cache

npm	Yarn	指令說明
npm login	yarn login	登入
npm logout	yarn logout	登出
npm install	yarn install	安裝 package.json 所有依賴
npm install [package]	yarn add [package]	安裝套件
npm install --save-dev [package]	yarn add [package] --dev	安裝套件並寫入 package.json 中的 devDependencies
npm install --global [package]	yarn global add [package]	安裝套件至全域
npm uninstall [package]	yarn remove [package]	移除某個套件
npm uninstall --save-dev [package]	yarn remove [package]	移除某個套件並移除 devDependencies
npm update --save	yarn upgrade	升級套件版本

A.3 安裝 AWS Session Manager

如果要使用 AWS SSM 連接到 EC2 就需要另外安裝 Session Manager Plugin[3]。

A.3.1 安裝 Session Manager Plugin macOS

在 macOS 安裝 Session Manager Plugin 有多種選擇而本書只介紹兩種,一種是使用 brew 安裝,另一種是直接下載 pkg 安裝檔安裝。

3　https://docs.aws.amazon.com/zh_tw/systems-manager/latest/userguide/session-manager-working-with-install-plugin.html

使用 brew 安裝 Session Manager Plugin macOS

在 macOS 使用 brew 來安裝 Session Manager Plugin 一樣只要一條指令就可以完成。

```
brew install --cask session-manager-plugin
```

使用 pkg 安裝檔安裝 Session Manager Plugin macOS

使用 pkg 安裝我們可以直接使用 curl 下載已簽署的 pkg。

```
curl "https://s3.amazonaws.com/session-manager-downloads/plugin/latest/
mac/session-manager-plugin.pkg" -o "session-manager-plugin.pkg"
```

下載後使用指令安裝 pkg 檔案並設定連結方便我們直接使用。

```
sudo installer -pkg session-manager-plugin.pkg -target /
ln -s /usr/local/sessionmanagerplugin/bin/session-manager-plugin /usr/
local/bin/session-manager-plugin
```

A.3.2 安裝 Session Manager Plugin Windows

在 Windows 安裝直接使用安裝檔，因此只要使用瀏覽器下載檔案即可，檔案位置在 https://s3.amazonaws.com/session-manager-downloads/plugin/latest/windows/SessionManagerPluginSetup.exe。

A.3.3 驗證 Session Manager Plugin 是否正常

安裝完後可以執行 session-manager-plugin 驗證是否安裝完成。

```
$ session-manager-plugin
```

```
The Session Manager plugin was installed successfully. Use the AWS CLI to
start a session.
```

A.4 Kubernetes Tools 安裝

要使用 Amazon EKS 就需要安裝 kubectl 才可以控制 pod 與 service，而它是標準的
Kubernetes Tools 在安裝上非常簡單。

1. 安裝 kubectl macOS

使用 macOS 的開發者直接使用 brew 就可以安裝了，安裝方法：

```
$ brew install kubectl
==> Downloading https://ghcr.io/v2/homebrew/core/kubernetes-cli/
manifests/1.22.1
==> Downloading https://ghcr.io/v2/homebrew/core/kubernetes-cli/blobs/
sha256:c4b
==> Pouring kubernetes-cli--1.22.1.big_sur.bottle.tar.gz
==> Caveats
zsh completions have been installed to:
  /usr/local/share/zsh/site-functions
==> Summary
   /usr/local/Cellar/kubernetes-cli/1.22.1: 226 files, 57.5MB
```

檢查安裝是否成功。

```
$ kubectl version --client
Client Version: version.Info{Major:"1", Minor:"22",
GitVersion:"v1.22.1", GitCommit:"632ed300f2c34f6d6d15ca4cef3d
3c7073412212", GitTreeState:"clean", BuildDate:"2021-08-19T15:38:26Z",
GoVersion:"go1.16.6", Compiler:"gc", Platform:"darwin/amd64"}
```

2. 安裝 kubectl Windows

Windows 系統使用 choco 或是 scoop 安裝比較簡單，安裝方法如下：

■ Chocolatey

```
choco install kubernetes-cli
```

■ Scoop

```
scoop install kubectl
```

檢查安裝是否成功

```
kubectl version --client
```

A.5 CDK 錯誤處理

如果執行 AWS CDK 出現如下錯誤代表我們需要更新 CDK CLI

```
$ npx cdk diff
This CDK CLI is not compatible with the CDK library used by your
application. Please upgrade the CLI to the latest version.
```

使用 npm 的使用者更新

```
npm install -g aws-cdk@latest
```

使用 yarn 的使用者

```
yarn global upgrade aws-cdk
```

A.6 CDK 開發小撇步

自己在開發 AWS CDK 的時候一定免不了會遇到 CloudFormation 跟我們說 " ROLLBACK_IN_PROGRESS" 然後就要等很久的狀況

```
上午12:14:54 | ROLLBACK_IN_PROGRESS | AWS::CloudFormation::Stack        |
CdkEcsWebStack
The following resource(s) failed to create: [EcsCluster72B17558].
Rollback requested by user.
```

這時候如果我們部署的是小東西那可能很快就跑完了，不過如果這次部署的是整個 VPC 有 EC2 又有 ECS，那整個跑 ROLLBACK 一定需要超久的時間，那可以加快它嗎？答案是不行。

不過我們可以不理它的 ROLLBACK 去開一個新的 Stacks 執行我們新的部署，舊的 ROLLBACK 就讓它跑不要理他，假設我們這次開發的專案名稱是 cdk-ecs-web 那我們只要修改一下 bin/cdk-ecs-web.ts 把原本的 CdkEcsWebStack 修改成 CdkEcsWebStack1 那我們就可以使用 cdk deploy 繼續測試了。

```
new CdkEcsWebStack(app, 'CdkEcsWebStack1', {})
```

如果不幸在測試 CdkEcsWebStack1 又寫錯遇到 "ROLLBACK_IN_PROGRESS" 那就把 CdkEcsWebStack1 改成 CdkEcsWebStack2 就好了！可以一直部署下去。

不過要注意那原本的 CdkEcsWebStack 與 CdkEcsWebStack1 都需要移除它，通常我會在部署 CdkEcsWebStack1 就打開 AWS Console 的 CloudFormation 找到那個 Stack 按下 Delete 讓它慢慢處理，這樣才不會忘記移除它。